五大节日与茗儒茶道

朱锦武 姜丽妍 ■ 编著

世界图书出版公司

西安 北京 上海 广州

德才兼脩

茗茶一杯脩身養性
時唯乙未霜降後一日

儒經萬卷静心怡神
三晋磊人書

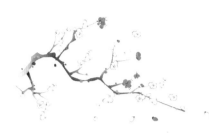

目录

第一章 ···· 春节

第二章 ···· 清明

第三章 ···端午

第四章 ···中秋

第五章 ···重阳

第一章 春节

CHUNJIE

第一节　春节的由来及传说

春节是中国人最重视的节日之一，中华民族对其重视程度不亚于西方人对于圣诞节。腊月的最后一天被称为年三十，腊月之后进入正月，人们从正月初一到十五要欢庆半个月，作为对春天的期盼，春节这个节日是怎么来的呢？为什么过春节又叫过年呢？过年有哪些风俗？下面我们就为大家讲一讲春节的由来和传说。

关于春节的起源有很多种说法，其中为公众普遍接受的说法是：虞舜时期，舜继承天子位，带领着部下祭拜天地。从此，人们就把这一天当作"岁首"。由此推论，中国人过春节的习俗已有四千多年的历史。农历新年又叫春节，春节也叫元旦，春节所在的这个月叫元月。中国历代春节的日期并不一致：夏朝用孟春作为元月（孟春是古人对正月的别称），商朝用腊月（农历十二月）作为一年的元月，秦始皇统一六国后规定以十月为正月，汉朝初期沿用秦历。公元前104年，天文学家落下闳（hóng）、邓平等人制订了《太初历》，将原来以十月为岁首改为以孟春正月为岁首，后人在此基础上逐渐完善，遂形成了后世使用的阴历（即农历），落下闳也被称为"春节老人"。此后，中国一直沿用夏历（阴历，又称农历）纪年，直到清末民初，随着西洋历法（即阳历）的推行，阴历纪年法逐

渐被阳历纪年法代替。但时至今日，中国还有一些地区的人们喜欢用阴历纪年法。

我们中国人将庆祝春节称为"过年"，那什么是"年"呢？"年"是中国古代传说中的一种怪兽，它头长尖角，凶猛异常。"年"兽长年深居海底，每到除夕，它就爬上岸来吞食人畜，因此每到除夕，村村寨寨的人们扶老携幼，逃往深山，以躲避"年"的伤害。这一年又到了除夕，乡亲们像往年那样逃往深山，正当大家忙着收拾东西时，村东头来了一位白发老人，白发老人对一位老婆婆说，只要让他在她家住一晚，他定能将"年"兽驱赶走。众人不信，老婆婆也劝其还是上山躲避为好，但老人坚持留下，众人见劝不住他，便纷纷上山躲避去了。当"年"兽像往年一样准备闯进村子肆虐的时候，突然传来爆竹声，

"年"兽全身战栗，再也不敢向前走了，原来"年"兽最怕红色、火光和炸响。这时大门打开，只见院内一位身披红袍的老人一边向"年"兽走来一边哈哈大笑，"年"兽大惊失色，仓皇而逃。第二天，当人们从深山回到村里时，发现村里安然无恙，这才恍然大悟，原来白发老人是帮助大家驱逐"年"兽的神仙，人们还发现了白发老人驱逐"年"兽的三件法宝——对联、爆竹、红灯笼。从此，每年的除夕，家家户户都贴红对联，燃放爆竹，户户灯火通明，守更待岁。风俗越传越广，就成了中国民间最隆重的传统节日——"过年"。

作为中国最隆重的传统节日，春节象征团结、兴旺。它的到来预示着新一年的开始，表达了人们对未来的憧憬与期盼。所以对于中国人来说，庆祝新年大概要用一个月的时间，人们从腊八开

始就为新年做准备，民间流传着很多关于过年的儿歌，最常见的有：

"小孩儿小孩儿你别馋，过了腊八就是年；腊八粥，喝几天，哩哩啦啦二十三；二十三，糖瓜粘；二十四，扫房子；二十五，冻豆腐；二十六，去买肉；二十七，宰公鸡；二十八，把面发；二十九，蒸馒头；三十晚上熬一宿；初一、初二满街走。"

"糖瓜祭灶，新年来到；姑娘要花，小子要炮；老头儿要顶新毡帽，老太太要件新棉袄。"

"二十三，祭罢灶，小孩拍手哈哈笑。再过五六天，大年就来到。辟邪盒，耍核桃，滴滴点点两声炮。五子登科乒乓响，起火升得比天高。"

光听上面的歌谣就能感受到春节的喜气儿。无论是喝腊八粥还是贴门神，无论是守岁包饺子还是大年初一放鞭炮，都是千百年来人们为了庆祝新年而约定俗成的风俗活动。那么它们是如何形成的呢？我们就在下一节里讲一讲关于春节的传统风俗。

第二节　传统节日风俗

一、腊八粥的由来

腊八中的"八"其实是指八种谷物：黍，稷，稻，高粱，禾，麻，菽，麦。古代每年的腊月初八，皇帝要以这八种谷物为祭品向上天祈福，以求来年五谷丰登。在民间百姓们则以喝腊八粥来庆祝。

关于腊八粥的配料，众说纷纭。《明宫史》曾记载："初八日，吃腊八粥。先期数日，将红枣捶破泡汤。至初八日，加糯米、白果、核桃仁、栗子、菱米煮粥。

供佛圣前，户牖（yǒu）、园树、井灶之上，各分布之。举家皆吃，或互相馈赠，夸精美也。"

那么喝腊八粥的传统是从什么时候开始的呢？据说它与明朝的第一位皇帝朱元璋大有渊源。朱元璋小时候家里很穷，为了生计他只能给财主家放牛。有一天放牛归来，在过独木桥时，牛一滑，跌下了桥，将腿跌断。老财主气急败坏，便把他关进一间房子里不给饭吃。朱元璋饿得不行，忽然发现屋里有一个鼠洞，扒开一看，原来是老鼠的粮仓，里面有米、有豆还有红枣。他把这些东西合在一起煮了一锅粥，吃起来十分香甜可口。后来他当了皇帝，又想起了这件事儿，便叫御厨熬了一锅各种米、豆混在一起的粥。吃的这一天正好是腊月初八，因此叫腊八粥。朱元璋是廉洁奉公、勤政爱民的好皇帝，民间将腊八

粥的发明归功于他，不管是真是假，都是对他的一种纪念。

二、贴门神的由来

门神的前身是桃符，又称"桃版"。古人认为桃木是五木之精，能治百鬼，故从汉代起即有用桃木作魇胜之具的风习，以桃木作桃人、桃印、桃板、桃符等辟邪。

门神，传说是能捉鬼的神荼和郁垒。东汉应劭（shào）的《风俗通》中说：上古的时候，有神荼（tú）、郁垒俩兄弟，他们住在度朔山上。山上有一棵桃树，树荫如盖。每天早上，他们便在这树下检阅百鬼。如果有恶鬼危害人间，便将其绑了喂老虎。

后来，人们便在两块桃木板上画上神荼和

郁垒的画像，挂在门的两边用来驱鬼避邪。南朝·梁·宗懔《荆楚岁时记》中记载："正月初一，造桃板着户，谓之仙木，绘二神贴户左右，左神荼，右郁垒，所谓门神。"关于春节贴桃符辟邪的风俗我们也可以从许多古人留下的诗篇中窥见一斑。宋代的王安石曾写过名为《元日》的诗："爆竹声中一岁除，春风送暖入屠苏。千门万户瞳瞳日，总把新桃换旧符。"

然而，真正史书记载的门神，却不是神荼、郁垒，而是古代的一个叫做成庆的勇士。班固的《汉书·广川王传》中记载：广川王（去疾）的殿门上曾画有古勇士成庆的画像，短衣大裤长剑。到了唐代，门神的位置便为秦叔宝和尉迟敬德所取代。

《西游记》中的叙述就更加详细了：泾河龙

王为了和一个算卜先生打赌，结果触犯了天条，罪该问斩。玉帝任命魏征为监斩官。泾河龙王为求活命，向唐太宗求情。太宗答应了，到了斩龙的那个时辰，便宣召魏征与之对弈。没想到魏征在对弈时， 打了一个盹儿，就魂灵升天，将龙王斩了。龙王抱怨太宗言而无信，日夜在宫外呼号讨命。太宗告知群臣，大将秦叔宝跪请："愿同尉迟敬德戎装立门外以待龙王。"太宗应允。那一夜果然无事。太宗因不忍二将连日辛苦，遂命巧手丹青，画二将真容，贴于门上，遂保夜夜太平。

后代人相沿下来，于是，这两员大将便成为千家万户的守门神了。在今天一些旧式门楼的两扇大门上，我们还可以见到两位雄赳赳战将的形象，手执钢鞭的那位是尉迟敬德将军，另一位手执铁锏的将军则是秦叔宝。

三、吃糖瓜的由来

"二十三，糖瓜粘"，是指在腊月二十三这一日家家户户要买糖瓜祭灶王。糖瓜是由麦芽糖制成的，又甜又黏，用它来祭祀灶王，既有在他升天到玉皇大帝那儿禀报时，请他多多美言之意，又有以糖黏上灶王爷的嘴不让他多说之心。北京有这么一句歇后语："灶王爷升天——好话多讲"，说的就是这个意思。

相传很久以前，有一富家子弟姓张名禅，娶妻之后，生活过得十分美满。谁知没过几年，张禅便心生邪念，他喜新厌旧，硬把自己好端端的结发妻子给休了。妻子无奈，只好另居他乡艰难度日。从此，张禅不务正业，过着花天酒地的生活。不料一年冬天，张家突遭大火，偌大的家业被烧得精光，而张禅的双眼也被烧瞎。面对如此惨状，

13

张禅只好四处乞讨为生。一日，他来到一家门前讨饭，好心的女主人见他可怜，便把他请到家中，做了好菜好饭招待他。言谈之中，张禅发现这位女主人竟是自己休了的前妻，于是羞愧难当，便一头扑进灶火里将自己活活烧死。后来，玉皇大帝得知此事，觉得他是浪子回头，善心未泯，便封他为灶君，即灶王爷，让他司察人间的功德善恶，并在每年的腊月二十三日，回天庭去汇报一次人间的情况。

由于张禅生前有过好吃懒做，不务正业的前科，人们信不过他，害怕他上天之后胡言乱语，便在他上天之日，摆上糖瓜来祭奠他。祭祀时，先将"上天言好事，下界保平安"的对联贴在灶君像的两侧，用来提醒他多为百姓说好话，办实事。至于供品糖瓜，是取其又甜又黏的特点，用

来糊住他的嘴。当他尝到糖瓜的甜味时，就要多说点好话，如果他想打小报告、说坏话时，就让糖瓜黏住他的嘴，让他想说也张不开口。

因此，家庭主妇在祭灶君时，便要跪在灶君面前，口中念念有词。当面进行祷告，高诵《祭灶谣》，其谣曰："灶王爷爷你听着，厨房里你见天瞄着过。我顿顿省吃又俭喝，抛米撒面是一时错。炉窝里肮脏是娃娃多，你老人家可得担待着。这糖瓜吃不了全拿着，捎给玉皇大帝尝一尝。我这里与你把头磕，上天去可要与我把好话说。初一你早点回来别耽搁，到咱家吃我蒸的山枣馍。"虽然灶王神只是民间传说，但是主妇们年年祭灶王神的确是弘扬了中华民族节俭持家的美德。

四、守岁包饺子的由来

古时，饺子叫馄饨，但与现在的馄饨不同。馄饨之名，取其圆润混沌之形，以面裹馅搓为圆形而成，传说是为了纪念盘古开天辟地，结束了混沌状态。后来将惯常的圆形，改成月牙形，称之为"粉饺"。叫来叫去，就把粉饺叫成"角子"，即饺子。北齐时，颜之推对饺子讲得很清楚："今日馄饨，形如偃月，天下之通时也。"

对于饺子的来历，史料记载和民间传说颇多。饺子原名"娇耳"，是我国医圣张仲景首先发明的。相传东汉末年，"医圣"张仲景曾任长沙太守，后辞官回乡。正好赶上冬至这一天，他看见南洋的老百姓饥寒交迫，两只耳朵冻伤，当时伤寒流行，病死的人很多。张仲景总结了汉代 300 多年的临床实践，便在当地搭了一个医棚，支起一口

大锅，煎熬羊肉、辣椒和祛寒提热的药材。用面皮包成耳朵形状，煮熟之后连汤带食赠送给穷人。老百姓从冬至吃到除夕，抵御了伤寒，治好了冻耳。从此乡里人与后人就模仿制作，称之为"饺耳"或"饺子"，也有一些地方称"扁食"或"烫面饺"。

为什么除夕守岁过了十二点要吃饺子呢？这个习俗源于明清时代，春节饺子要在除夕晚上包成，子时（即半夜十一点至一点）吃，这时正是农历正月初一伊始，取"更子"之意，"交""饺"谐音，故称"饺子"。

五、关于压岁钱的传说

传说有一个叫"祟（岁）"的妖怪，每年的大年三十就出来害小孩子。据说一对老夫妻怕他来害自己的孩子，就在孩子身边放了8枚铜钱，

结果祟来害这个孩子时被 8 枚铜钱吓跑了。原来，这八枚铜钱是由八个大仙变的，在暗中帮助孩子把祟吓退，因而，人们把这钱叫"压祟钱"，又因"祟"与"岁"谐音，所以被称为"压岁钱"了。

过年长辈赠送晚辈压岁钱，是出于一种爱护，因此无论是数目的多少，作为晚辈我们都应该心怀感激地收下，并恭恭敬敬地向长辈拜年，祝福他们幸福安康。过年送压岁钱是中华民族尊老爱幼的美德体现。当你过年收到长辈的压岁钱时，有没有想过，如何支配这些压岁钱并用它去做一些有意义的事呢？

第三节　节日花卉与插花

　　春节期间正值隆冬，气候寒冷、花草凋零。人们为了寻找春的气息并为严冬增添一抹生命力，喜欢在家中摆放一些时令花卉。在春节期间绽放的时令花卉有很多，比如梅花、水仙花、杜鹃花、仙客来、迎春花等。这些花卉或清雅芬芳或姿色艳丽。将这些春的使者摆放在家中，不仅可增添一分节日气息，更可为人们带来一丝春的活力。

1.梅花

　　因为梅花开在隆冬时节，孤洁清高，

故有"花中清客"之誉，与松、竹并称"岁寒三友"。张谦德在其著作《瓶花谱》中将梅花评为一品九命之花。袁宏道在《瓶史》中也将梅花誉为"冬季花盟主"，品位很高。梅花，不畏严寒，独步早春。它赶在东风之前，向人们传递着春的消息，被誉为"东风第一枝"。梅花这种不屈不挠的精神和顽强的意志，历来被人们当作崇高品格和高洁气质的象征。元代诗人杨维帧咏之："万花敢向雪中出，一树独先天下春。"

梅花原产我国，我国植梅至少有3000多年的历史。《诗经》里有："摽（piāo）有梅，其实七分"的记载。春秋战国时期爱梅之风已很盛。人们的主要目的已经从采梅果过渡到赏梅花。"梅始以花闻天下"，人们把梅花和梅子作为馈赠和祭祀的礼品。到了汉晋南北朝，艺梅咏梅之风日盛。《西京杂记》载："汉初修上林苑，远方各献名果异树，有米梅、胭脂梅。"又有："汉上林苑有同心梅，紫蒂梅、丽友梅。"晋代陆凯，是东吴名将陆逊之侄，曾做过丞相，文辞优雅。陆凯有个文学挚友叫范晔（即《后汉书》作者）

在长安，他于春回大地、早梅初开之际，自荆州摘下一枝梅花，托邮驿专赠范晔，并附短诗："折梅逢驿使，寄与陇头人。江南无所有，聊赠一枝春。"自陆凯始，以梅花传递友情，传为佳话。

到南北朝，有关梅花的诗文、轶事也多了。《金陵志》云："宋武帝刘裕的女儿寿阳公主，日卧于含章殿檐下，梅花落于额上，成五出花，拂之不去，号梅花妆，宫人皆效之。"这可能是用梅花图案美容的开端。

据史料记载：隋人赵师雄在罗浮山遇见梅花仙子，仙子美丽动人。说明当时人们也爱梅成风。杭州孤山的梅花在唐时已闻名于世。诗人白居易在离开杭州时，写了一首《忆杭州梅花，因叙旧寄萧协律》，诗云："三年闷闷在余杭，曾与梅花醉几场；伍祖庙边繁似雪，孤山园里丽如妆。"

唐代名臣宋环在东川官舍见梅花怒放于榛莽中，归而有感，遂作《梅花赋》，诗中有"独步早春，自全其天"，"谅不移本性，方可俪于君子之节"等赞语。此外，杜甫、李白等诸多名家均有咏梅诗篇。曾一度被唐明皇李隆基大为宠幸的江采萍，性喜梅花。据《梅妃传》记："所居栏槛、悉植数枝……梅开赋赏，至夜分尚顾恋花下不能去。上（唐明皇）以其所好，戏名曰梅妃。"

北宋处士林逋（和靖），隐居杭州孤山，无妻无子，而植梅放鹤，称"梅妻鹤子"，被传为千古佳话。他的《山园小梅》诗中名句："疏影横斜水清浅，暗香浮动月黄昏。" 是梅花的传神写照，脍炙人口，被誉为千古绝唱。

南宋范成大是位赏梅、咏梅、艺梅、记梅的名家。他在苏州石湖辟范村，搜集梅花品种12个，

并在 1186 年写成中国（也是全世界）第一部梅花专著：《梅谱》。

1191 年冬，词人、音乐家姜夔（kuí）住在范成大的石湖梅园中，正值梅花盛开，他自谱新曲，填了两首咏梅词，名曰：《暗香》《疏影》，音节谐婉，极受范的赞赏。

元代有个爱梅、咏梅、艺梅、画梅成癖的王冕，隐居于九里山，植梅千株，自题所居为"梅花屋"。又工画墨梅，花密枝繁，行笔刚健，有时用胭脂作无骨梅，别具风格。其《墨梅》诗名扬天下："我家洗砚池头树，朵朵花开淡墨痕。不用人夸好颜色，只留清气满乾坤。" 南宋爱国诗人陆放翁咏梅的词《卜算子》里写道："无意苦争春，一任群芳妒，零落成泥碾作尘，只有香如故。" 借咏梅表现了诗人怀才不遇的寂寞和不论怎样受挫

折也永远保持高风亮节的情操。毛泽东同志也作《卜算子·咏梅》："已是悬崖百丈冰，犹有花枝俏。俏也不争春，只把春来报。待到山花烂漫时，她在丛中笑。" 洋溢着革命英雄主义和乐观主义精神。毛泽东另一首七律《冬云》中也赞扬了梅花，"欢喜漫天雪"的不畏严寒、独步早春的精神。所以梅花的花语是高风亮节、不屈不挠。

2. 水仙

水仙是石蒜科多年生的草本植物，在我国已有一千多年栽培历史，为传统观赏花卉，位列中国十大名花。

由于其外形典雅、香气馥郁且在隆冬开放，人们赋予其许多雅号：如凌波仙子、金盏银台、落神香妃、雪中花等。

　　关于水仙花的传说有很多版本，相传有一位靓且性格坚强的姑娘，东海龙王要娶她为妾，她誓死不从，龙王便将她囚禁于莲花丛中，只留一泓清水，久而久之，她便变成了一株婀娜多姿的水仙花。由此传说，世人便称水仙花为"凌波仙子"。在西方水仙也被称为拿斯索斯(Narcissus)，指希腊神话里的美少年。他的父亲是河神，母亲

是仙女。拿斯索斯出生后，母亲得到神谕：拿斯索斯长大会是天下第一美男子。然而，他会因为迷恋自己的容貌郁郁而终。为了逃避神谕的应验，拿斯索斯的母亲刻意安排儿子在山林间长大，远离溪流、湖泊、大海，为的是让拿斯索斯永远无法看见自己的容貌。拿斯索斯如母亲所愿，在山林间平安长大，而他亦如神谕所料，容貌俊美非凡，成为天下第一美男子。见过他的少女，无不深深地爱上他。然而，拿斯索斯性格高傲，没有一位女子能得到他的爱。他只喜欢整天与伙伴在山林间打猎，对于倾情于他的少女不屑一顾。拿斯索斯的冷面石心，伤透了少女的心，报应女神娜米西斯（Nemesis）看不过眼，决定教训他。一天，拿斯索斯在野外狩猎，天气异常酷热，不一会儿，他已经汗流浃背。就在这时，微风吹来，

渗着阵阵清凉，他循着风向前走，逛着逛着，面前出现一个水清如镜的湖。湖，对拿斯索斯来说，是陌生的。拿斯索斯走过去，坐在湖边，正想伸手去摸一摸湖水，试试那是一种怎样的感觉。谁知当他定睛在平滑如镜的湖面时，看见一张完美的面孔，不禁惊为天人，拿斯索斯心想："这美人是谁呢？真漂亮呀！"凝望了一会儿，他发觉，当他向水中的美人挥手，水中的美人也向他挥手。当他向水中的美人微笑，水中的美人也向他微笑。但当他伸手去触摸那美人，那美人便立刻消失了。当他把手缩回来，不一会儿，那美人又再次出现，并情深款款地看着他。拿斯索斯当然不知道浮现湖面的其实就是自己的倒影，他竟然深深地爱上了自己的倒影。为了不失去湖中的人儿，他日夜守护在湖边，日子一天一天地过去，拿斯索斯还是不寝不食，不眠不休地待在湖边，甘心做他心中美人的守护神，他时而伏在湖边休息，时而绕着湖岸漫行，但目光始终离不开水中的倒影，永远是目不转睛地凝望湖面。终于，神谕还是应验了，拿斯索斯因为迷恋自己的倒影，枯坐死在了湖边。仙女们知道这件事后，伤心欲绝，赶去湖边，想把拿斯索斯的尸体好好安葬。但拿斯索斯惯坐的湖边除了长着一丛奇异的小花外，空空如也。原来爱神怜惜拿斯索斯，把他化成水仙花，盛开在有水的地方，让他永远看着自己的倒影。那丛奇异的小花，清幽脱俗而高傲孤清，甚为美丽。为了纪念拿斯索斯，仙女们就把这种花命名为 Narcissus，也就是水仙花了。而这亦是水仙花为何总是长在水边的缘故。从上述的两个故事来看，水仙是高贵清雅之花，它的生长需要极为

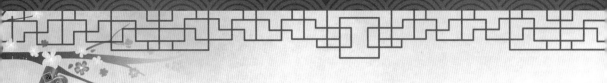

五大节日与茗儒茶道

干净整洁的环境，难怪水仙的花语是孤傲，高洁坚韧，清雅脱俗。

3. 仙客来

相传有一次嫦娥带着玉兔下凡间去与后羿相会。她把玉兔放在门口，玉兔却不甘寂寞跑到了花园里。花园里开着五彩缤纷的花朵，十分漂亮，玉兔蹦来跳去，开心极了，直到玩累了才蹦到一棵树下去休息。它趴在草地上，静静地欣赏着这些美丽的花草。管理花园的老园丁正在精心打理着花草，他的动作很轻柔，管理得很仔细，嘴里还时不时地与花草们说说话，好像这些花草都是他的孩子们似的。难怪他会把这个花园管理得这么好，花儿们似乎也感受到了什么，将自己最美丽的姿态和颜色展现出来以回报老园丁。老园丁的汗水一滴滴地落在花、叶、土里，但他的

脸上却见不到一点疲倦之感，总是带着些许微笑，眼里充满着怜爱和欢喜。这一切都被玉兔看在眼里，心里非常感动，就朝老园丁的方向蹦了过去。老园丁看见了它，将它抱在怀中，用满是老茧的手轻轻地抚摸着玉兔，还采来最肥美的青草给它吃。玉兔表明了自己的身份，便跟老园丁攀谈了起来。老园丁一边干着活一边给它讲着人间的故

事，还唱了几首乡间小曲给它听，渐渐地，玉兔与老园丁建立了深厚的感情。临走时，玉兔把放在耳朵里的一颗种子送给了老园丁。后来经过老园丁的精心栽培，种子发芽了，渐渐长大，还开出了美丽的花朵，其形状就像小兔子的头，翘首仰望着月亮，似乎盼着玉兔再来。老园丁就给这花取了"兔子花"的名字。我想这个故事是因为仙客来的外形酷似玉兔，而被人们编撰出来的。其实仙客来一词源于英文 cyclamen 的音译。中国汉字寓意深广，把 cyclamen 翻译成仙客来有静候贵客光临之意，所以仙客来的花语就是好客，正合适春节期间家中摆放。

4. 杜鹃

杜鹃花是中国的十大名花之一，它的花美、叶美、用途广泛。它是杜鹃花科中的一种小灌木，有常绿性的，也有落叶性的。北半球温带各地，都有杜鹃花的分布。杜鹃花，又名映山红，乃是"花中西施"，是吉祥如意和幸福美好的象征。在中国流传着"杜鹃啼血，子归哀鸣"的传奇典故。传说古蜀国有一位皇帝叫杜宇，他与皇后异常恩

爱。后来他遭奸人所害凄惨死去，灵魂化作一只杜鹃鸟，每日在皇后的花园中啼鸣哀号。它落下的泪珠像红色的鲜血，染红了皇后园中美丽的花朵，后人遂称此花为杜鹃花。那皇后听到了杜鹃的哀鸣，见到那殷红的鲜血，这才明白此为丈夫灵魂所化，悲伤至极，日夜哀号着"子归！子归！"最后郁郁而终。她的灵魂化为火红的杜鹃花，开得满山遍野，与杜鹃鸟相栖相伴，这便是"杜鹃啼血，子归哀鸣"的典故。因此杜鹃花的花语是爱情至死不渝，有情人平安幸福。

★ 节日花艺

春节象征着合家团圆、幸福希望。在这样喜庆的日子里，我们选择上述花材做一件古典意象插花作品来增添节日气氛，本件作品的主要花材是梅花和水仙。花器是陶制平盘，春节为冬末春

五大节日与茗儒茶道

34

初之际，当以冬季花卉水仙，春季花卉梅花，两种花卉为组合，有辞旧迎新，大地回春之意。花型为中式直立式，突出梅枝的刚劲，反衬出水仙这凌波仙子的婀娜柔美，一刚一柔，一冬一春，相映成趣。蕴含生机盎然，万物复苏之意。

★ 迎春归

元旦逢雪闹春宵，凌波婀娜展风饶。

寒梅枝头俏争春，熏风送暖竞芬芳。

★ 花型设计

（韩祎 绘）

第四节 茶之道——喜气洋洋"祝福茶"

备具

水晶茶壶一只，托盘一个，烧水壶一把，小银勺4把，广口玻璃杯4只，正山小种红茶6克（其他优质红茶亦可），桂花、小金橘少许。

正文与流程

旁白："祝福茶"茶艺源于福建省浦城县的民间习俗，在正月初，每逢有贵客上门，浦城县的群众都会以桂花、金橘泡茶待客。根据这一民俗加工整理后，我们创编了"祝福茶"茶艺。

第一步：玉壶春潮连海平（预泡红茶）

我们先用水晶壶泡出一壶上好的正山小种红茶，叫作"玉壶春潮连海平"。首先，用热水将本已洁净的玻璃壶再次清洗，以提升玻璃壶的温度。再向壶中拨入三至五克红茶，随即向壶中点入少许热水，使干茶充分吸水吐香。再用"悬壶高冲"的手法向壶中注入开水至七分满，放在一旁待用。红茶属于全发酵茶，有暖胃之功效，同时其色泽浓艳喜庆，正适合在春节合家欢聚时品饮。

37

第二步：丹桂金橘报福音（投入配料）

我国有民谣曰："桂花开放幸福来"。桂花代表着幸福，金橘的"橘"和"吉"谐音，所以金橘代表着吉祥如意。把桂花和小金橘等配料投放到水晶玻璃杯中，称之为"丹桂金橘报福音"。丹桂金橘有止咳平喘，生津润肺的功效。若与

红茶调配品饮，不仅口感绝佳，还有润肺爽声之功效。

第三步：红雨随心翻作浪（倒茶搅拌）

当我们把预泡好的红茶汤冲入水晶玻璃杯时，清亮艳红的茶水和丹桂、金橘一起在水晶杯中翻腾相映成趣，这道程序称之为"红雨随心翻作浪"。

第四步：一点一滴总关情（分茶敬茶）

把调制好的茶汤分别敬奉给客人，称之为"一点一滴总关情"。在客人接过茶杯后，应请他在品茶之前先数一数杯中的小金橘有几粒。小金桔

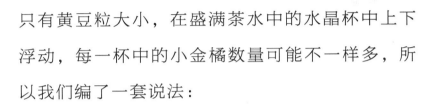

只有黄豆粒大小，在盛满茶水中的水晶杯中上下浮动，每一杯中的小金橘数量可能不一样多，所以我们编了一套说法：

一粒为一生平安；

二粒为双喜临门；

三粒为三星高照；

四粒为事事如意；

五粒为五福齐享；

六粒为六六大顺；

七粒为七耀①当头；

八粒为八面春风；

九粒为红运长久；

十粒为十全十美。

①七耀：即金、木、水、火、土五颗星再加上日、月，预示着前程一片光明。

如果有的客人杯中一粒小金橘都没有那就代表着无限美好。

总之，无论客人杯中有没有舀到小金橘，也无论舀到几粒小金橘，都会得到一句祝福的话，这正是我国传统民风民俗在茶艺中的表现。喝了这样的甜茶，希望客人留下甜蜜的回忆，带走主人的衷心祝福，所以称之为"祝福茶"。这套茶道最适合在春节这样喜气洋洋的日子中品饮。

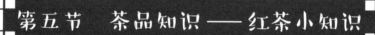

第五节　茶品知识——红茶小知识

红茶属于全发酵茶。所谓的发酵，就是氧化。换句话来说，就是红茶在发酵时，空气进入叶子内部，使茶叶氧化。茶叶氧化后会形成两种物质：茶黄素和茶红素。茶红素一部分溶于水，形成红茶的红汤；一部分不溶于水，将叶底染红，形成红底。因此，红茶的特点就是红汤、红底。

红茶出现的时间比较晚，具体时间已不可考。红茶这个词曾经出现在成书于16世纪的《多能鄙事》中。由于发酵

技术的出现，甜美、润滑的红茶应运而生。红茶的加工方式并不复杂，毛茶的制作只有以下几步：发酵、揉捻（或切碎）、干燥。根据加工外形的不同，具体可分为红条茶和红碎茶。在红茶出现之初，人们选取农历五月五日之后的鲜叶来加工红茶。这样的鲜叶经过发酵后滋味会更加浓郁，醇厚。但由于这时的鲜叶比较粗大，不太适合揉捻成条形茶，所以只能切碎，比如说印度的大叶种红茶就适合制成红碎茶。后随发酵技术的不断成熟，人们开始选取一些芽茶作为制作红茶的底料，并发现如用锅炒热化，这些经过发酵的细芽茶还可散发出各种花香或果香，于是工夫红茶应运而生。其实工夫红茶的加工过程，就是比小种红茶多了一步——锅炒提香，俗称"过红锅"。红条茶除工夫红茶外还有一个品类，那就是小种

红茶。所谓的小种红茶，就是小叶种红茶。世界上所有的茶树，根据叶形大小可分为两类：大叶种茶和小叶种茶，大叶种茶英文名叫：Assam。以印度阿萨姆河谷出产的茶树得名——阿萨姆，可以说外国红茶90％都是大叶种。另一种是小叶种茶树，英文名叫：Chinese，由此可见，中国是小叶种茶树的故乡。中国乃至全世界最先出现的小种红茶就是正山小种。它是武夷山红茶的代表。红茶，根据不同的条形，要选择不同的冲泡方式。具体方法如下：

一、红碎茶的冲泡

众所周知，除中国外，世界其他国家出产的红茶90％都是红碎茶，为什么会这样呢？首先让我们来看一看世界上的红茶主要出产国和地区都

有哪些：他们分别是中国、印度、斯里兰卡以及非洲。这其中，印度、斯里兰卡和非洲都处在气候炎热、多雨少风的地带，因此这三个国家的茶树叶形粗大，属于典型的大叶种灌木茶树。由于这种茶树的茶叶比较粗大，在加工过程中很难搓揉成紧结的条形，因此就被制成红碎茶。由于茶叶本身被切成碎块，茶中营养物质包裹在碎茶表面，因此易于冲泡。虽汤色浓艳红亮，却不耐泡。冲泡红碎茶时，可选用内置过滤网的瓷壶或玻璃壶。选用瓷壶是因为瓷器可使茶水变柔和更显香甜。如果是为了欣赏红艳的茶汤，则可选用玻璃壶。由于红碎茶有不耐泡的特点，所以冲泡红碎茶时可借鉴绿茶下投法的经验。在温热茶壶后，向壶中拨入 3 ~ 5 克红碎茶，用 90℃以上的热水润湿干茶，投水量与投茶量比例为 1 : 1。待红

碎茶充分吸水后，再向壶中注入70％的热水。静置时间根据各人口味轻重的不同，选择1～3分钟不等即可出汤。红碎茶以汤浓、味烈著称，最适合加奶或加糖调饮。加奶调饮后的红茶会出现如巧克力浆般醇厚的口感，受到世界各国人民的喜爱。

二、工夫红茶的冲泡

中国的工夫红茶以汤厚、香高、耐泡闻名于世。我国十几个产茶省所产工夫红茶的味道、香气都不尽相同。云南的滇红有烤红薯蜜的甜香，湖北的宜红具有苹果的芬芳，四川的川红具有橘糖香，湖南的湖红具有松烟香，安徽的祁门红具有清雅的兰花香，产自福建的金骏眉具有草莓干的甜香，而产自浙江的九曲红梅则具有如梅似兰的清雅滋味。为了将这些工夫红茶的高香特点发挥出来，我们冲泡工夫红茶时可选择盖碗或紫砂壶。这两种器皿都可将工夫红茶如花似蜜的高香发挥得淋漓尽致，且又不会夺去茶香。具体操作方式如下：用近 100℃的开水温热茶器，再根据茶器大小向茶器中拨入 3～5 克干茶，随即往茶器中点入相同分量的开水。同时盖住茶器，使干茶与水充分融合。顷刻打开壶盖或杯盖，那种如花似蜜的香气扑面而来，使人心旷神怡。闻香过后，便可向泡茶器中注入 70% 的开水，随即出汤，一杯色香味俱全的工夫红茶便冲泡而成。

三、小种红茶的冲泡

正如上文所说，小种红茶出现时间较工夫红茶要早，在其出现之初，采摘标准也比较低，因

此小种红茶的外形看上去比工夫红茶要粗糙，冲泡方式基本与工夫红茶相同，但水温要高。一般是要将水温控制在90℃～100℃之间。用这样的水温泡出的茶才能将小种红茶的甜润、厚滑充分展现出来。为了帮助同学们记住上述关于红茶的内容，我们将这些知识编成了顺口溜：

绿茶绿，红茶红。

汤似火，叶底彤。

芽色金，成叶棕。

工夫茶，香不同。

川香桔，滇红薯。

冷后浑，属宜红。

湖南红，安化首。

条索紧，滋味重。

祁门红，在安徽。

汤鲜爽，兰味浓。

江浙红，色浅淡。

条索秀，梅香涌。

福建红，品类众。

政和红，花香冲。

白琳雅，坦洋乌。

金骏眉，采得早。

清明前，最为好。

台与琼，大叶红。

汤色艳，玫瑰红。

要茶红，全发酵。

汤厚浓，肠胃通。

在春节期间，为亲朋好友们冲泡一杯艳丽的红茶，既可增添节日的喜庆，又可以为亲朋好友们送上一份健康，希望小茶人们看过上述关于红茶的知识后，可将其运用到日常生活中，为生活添姿增彩。

五大节日与茗儒茶道

第二章

清明

QINGMING

第一节　清明节的由来与传说

　　清明节是中国民间重要的传统节日，是"八节"（八节分别是上元、清明、立夏、端午、中元、中秋、冬至和除夕）之一，一般是在公历的4月5日前后。中国人认为"百善孝为先"，家中长辈在世的时候要殷勤奉养，长辈们过世后更要时刻惦记。《弟子规》在正文开篇"入则孝"中规定"丧三年、常悲咽、居处变、酒肉绝。"因此清明节也成为中国最重要的传统节日之一，它体现了中华民族特有的孝道。那么清明节是如何出现的

呢？它又有什么样的传说呢？传说清明节源于古代帝王将相的"墓祭"之礼，后来民间竞相仿效，于此日祭祖扫墓，历代沿袭而成为中华民族的一种固定的风俗。因为在这一天，人们在家里不生炊烟，只吃冷食，因此很多人把清明节和寒食节相混淆。其实将寒食节和清明节归为一天，是从唐朝开始的。因为寒食节在冬至后105天，正好是在清明节气前几日，因此唐人将两节并为一节。寒食节是为纪念春秋时期孝义两全的介子推而设立。晋国内乱，诸子争夺王位，公子重耳被赶出晋国，在外避难。先锋营首领介子推等大臣跟随重耳忠心耿耿，在国外流亡19年。最困苦的情况下，重耳流亡到卫国，饿不能行，众臣采野菜煮食，重耳不能下咽。忠臣介子推偷偷地进山沟里，把自己腿上的肉割下一块，同野菜煮成汤送

给重耳。重耳接过来狼吞虎咽吃个精光，这才问从哪来的肉菜汤，旁边的大臣告诉他是子推从大腿割下来的，重耳听了感动地泪如雨下。后公子重耳归国夺得王位成为晋文公，分封群臣时却忘记了介子推。介子推不愿夸功争宠，便携老母隐居于绵山。后来晋文公亲自到绵山恭请介子推，但介子推一心侍奉母亲，不愿为了名利弃母亲不顾，于是藏在山中隐而不见，晋文公命手下放火焚山，原意是想逼介子推露面。结果，介子推抱着母亲被烧死在一棵大柳树下。为了纪念这位忠臣义士，晋文公下令：介子推死难之日不生火做饭，要吃冷食，并将此日定为"寒食节"。随着时代的发展，人们将寒食节与清明节合在了一天。清明节时大地回春，人们利用去田野上纪念祖先的机会，踏青寻春，走到户外将累积一冬的郁气

释放出来，因此在清明节人们还有踏青、插柳、荡秋千等风俗，也传承至今。

第二节　传统节日风俗

一、吃青团的由来

青团，又叫清明果，是中国江南和上海一带清明节时祭祖的食品之一，由于其色泽青绿所以又叫作青团。它始创于宋朝，是清明节的寒食名点之一，当时叫作"粉团"，到了明清开始流行于江浙和上海。

57

江南吃青团的风俗最早可以追溯到周朝。《周礼》记载当时有"仲春以木铎循火禁于国中"的规定，于是百姓熄炊而"寒食三日"。寒食三日期间，用来充饥的传统食品有一种叫"青粳饭"的食品，《琐碎录》一书中曾记载："蜀人遇寒食日，采杨桐叶，细冬青染饭，色青而有光。"明朝《七修类稿》一书中也曾记载："古人寒食采杨桐叶，染饭青色以祭，资阳气也，今变而为青白团子，乃此义也"。清代《清嘉录》也曾记录："市上卖青团熟藕，为祀先之品，皆可冷食"。

二、踏青的由来

踏青，又叫探春、寻春，就是指春天到郊外游览。踏青的习俗在我国由来已久，李淖在《秦中岁时记》中曾有记载："上巳（农历三月初三），

赐宴曲江，都人于江头禊（xì）饮，践踏青草，谓之踏青履。"杜甫在诗中也曾记载了皇家浩浩荡荡春游踏青的情景，"三月三日气象新，长安水边多丽人"。北京民俗历来有踏青的讲究，每当青草依依、清水涟涟之时，人们便脱下长布衫，走出四合院，三五成群到乡野山间赏景散心，一冬的沉闷便一下子烟消云散。

踏青在济南也是历史悠久，老济南人都能说出踏青的来历。明朝王象春在《齐音》中就有《踏青》诗："三月踏青下院来，春衫阔袖应时载。折花都隔山前雨，直到黄昏未得回。"诗中语喻说："三月，仕女竞相出城南下院踏青，山南花开最胜，犹是太平光景。"两首诗中的三月是指农历，也就是阳历的四月，接近清明节，因此在清明节踏春表达了人们对春的向往，对生命的渴求。

三、插柳的由来

插柳的风俗，是为了纪念"教民稼穑"的神农氏，人们把柳枝插在屋檐下，以预报天气，古谚有"柳条青，雨蒙蒙。柳条干，晴了天"的说法。黄巢起义时规定，以"清明为期，戴柳为号"。起义失败后，戴柳的习俗渐被淘汰，只有插柳盛行不衰。杨柳有强大的生命力，俗话说："有心栽花花不开，无心插柳柳成荫。"柳条插土就活，插到哪里，活到哪里，年年插柳，处处成荫。

清明插柳戴柳还有一种说法：中国人以清明、七月半、十月一为三大鬼节，认为鬼节期间是百鬼出没之时。人们为防止鬼的侵扰迫害，而插柳戴柳。柳在人们的心目中有辟邪的功用。受佛教的影响，人们认为柳可以祛鬼，而称之为"鬼怖木"，观世音以柳枝沾水济度众生。北魏贾思勰《齐

民要术》里说："取柳枝著户上，百鬼不入家。"清明既是鬼节，又值柳条发芽时节，人们自然纷纷插柳戴柳以辟邪秽。

四、清明节时的体育活动

正如前文所述，清明节一般是在阳历的四月五日左右，这时春风送暖，大地回春，处处绿意盎然。在室内蜷缩了一冬的人们走出屋子伸展筋骨。为了增强体质，人们在清明踏青时发明了很多体育活动，最常见的要数蹴鞠、荡秋千、放风筝和击鞠（打马球）。

1.蹴鞠

"蹴鞠"一词，最早载于《史记·苏秦列传》，苏秦游说齐宣王时形容临苗："临苗甚富而实，其民无不吹笙、鼓瑟、蹋鞠者。"蹴鞠又名"蹋

鞠""蹴球""蹴圆""筑球""踢圆"等，"蹴"即用脚踢，"鞠"系皮制的球，"蹴鞠"就是用脚踢球，它是中国的一项古老运动，有直接对抗、间接对抗和白打三种形式。蹴鞠流传了2300多年，它起源于春秋战国时期的齐国故都临淄，唐宋时期最为繁荣，经常出现"球终日不坠""球不离足，足不离球，华庭观赏，万人瞻仰"的情景。蹴鞠的白打和对抗被视为现代足球的前身。

2. 荡秋千

清明节时男孩子在草地上蹴鞠击鞠，女孩子们则是脚踩踏板双手扶藤，凭借春风上下翻飞。荡秋千作为一项比较温和的运动，成型于上古时期。当时人们为了便于捕猎或采集浆果，需要借助树上的藤条在山谷中游来荡去，这种行为习惯逐渐演化成荡秋千。清明节荡秋千这一风俗是现

代人为向祖先的勤劳表达敬意而沿袭的一项传统的节日活动。

3. 放风筝

风筝的历史十分悠久。古人认为，放飞的风筝可以带走邪气与晦气。据说，世界上第一个风筝是春秋时代的著名工匠鲁班用木头制作的，当时还有竹做的风筝。汉代出现纸制风筝，叫"纸鸢"。唐以后，风筝作为一种儿童玩具日渐风行。清代诗人高鼎曾这样描绘放风筝的情景："草长莺飞二月天，拂堤杨柳醉春烟。儿童散学归来早，忙趁东风放纸鸢。"人们在纸鸢上加了一个竹笛，纸鸢飞上天后被风一吹，发出"呜呜"的声音，好像筝的弹奏声，于是人们将纸鸢改名为"风筝"。当代中国最有名的风筝盛会是山东潍坊的"国际风筝节"，自 1984 年开始，每年清明节举办，

潍坊也因此被誉为"世界风筝之都"。

4. 击鞠

击鞠亦称打马球或者击球，是东亚传统的马上竞技项目，起源年代不详。唐人为增强骑兵战斗力，大力在军伍中推广这一运动，久而久之它便成了达官显贵们的娱乐项目之一。当时唐朝的首都长安设有宽大的球场，唐玄宗和唐敬宗等皇帝均喜爱之。比赛双方各为 10 人，游戏者必须乘坐于马上以球杆击球，以击球入门来得分。击鞠所用的球有拳头大小，球体的中间被掏空，制球的原料是一种质地轻巧且柔韧的木材，球的外面还雕有精致花纹。唐代之后，不论是在北方的辽、金，或者是南方的宋，击鞠活动仍然十分盛行。至明代，马球仍流行，《续文献通考·乐考》记载明成祖曾数次往东苑击球。明《宣宗行乐图》

五大节日与茗儒茶道

长卷中绘有明宣宗赏马球之场面。现如今，这种
体育项目已经淡出人们的视野，不得不说是一种
遗憾。如果想了解何为击鞠，我们只能在书本中
寻找答案了。

第三节　节日花卉与插花

清明时节当我们迎着明媚的春光到大自然中踏青游春时，会发现山野间青草葱葱、花团锦簇。每每看到这些艳红粉白的花朵，我们的心情就会变得如春花般灿烂。下面我们就为小朋友们介绍一些在春季开放的常见花卉。

1.迎春花

传说很早很早以前，地上一片洪水，庄稼淹了，房子塌了，老百姓只好聚在山顶上。天地间混混沌沌，连四季也分不清。那时候的帝王叫舜，舜命大臣鲧

带领人们治水，治了几年，水越来越大。鲧死了，他的儿子禹又挑起了治水的重担。

　　禹带领人们查找水路的时候，在涂山遇到了一位姑娘，这位姑娘给他们烧水做饭，帮他们指点水源。大禹感激这个姑娘，姑娘也很喜欢禹，两人就成亲了。禹因为忙着治水，他们相聚了几

天后就不得不分开。临走时，姑娘把禹送了一程又一程。当来到一座山岭上时，禹就对她说："送到什么时候也得分别啊！我不治好水是不会回来的。"姑娘两眼含泪看着禹说："你走吧！我就站在这里，要一直等到你治平洪水，回到我的身边。"大禹临别，把束腰的荆藤解下来，递给姑娘。姑娘摸着那条荆藤腰带说："去吧！我就站在这里等，一直等到荆藤开花，洪水停流，人们安居乐业时，我们再团聚。"

大禹离别姑娘后就带领着人们踏遍九州，开挖河道。几年以后，江河疏通，洪水归海，庄稼出土，杨柳发芽了，人民终于安居了。大禹高高兴兴连夜赶回来找心爱的姑娘。他远远看见姑娘手中举着那束荆藤，正立在那高山上等他，可当他走到跟前一看，那姑娘早已变成石像了。

原来自大禹走后，姑娘就每天立在这山岭上张望。不管刮风下雨，天寒地冻，从来没走开过。后来，草锥子穿透她的双脚，草籽儿在她身上发了芽，生了根，她还是手举荆藤张望。天长日久，姑娘就变成了一座石像，她的手和荆藤长在一起了，她的血浸着荆藤。不知过了多久，荆藤竟然变成水青色、并发出了新的枝条。禹上前呼唤着心爱的姑娘，泪水落在大石像上，刹那间，那荆藤竟开出了一朵朵金黄的小花儿。

荆藤开花了，洪水消除了。大禹为了纪念姑娘的心意，就给这荆藤花儿起了个名字叫"迎春花"。因此迎春花又名金腰带。在张谦德的《瓶花谱》中属六品四命之花。它的花语是生命的希望、相爱到永远。迎春花是最能代表春天的花卉之一。

2. 桃花

桃花是桃树盛开的花朵，属蔷薇科植物。它在春光明媚的季节里开放，风姿娇媚，烂漫芬芳。《瓶史》称它为三月的花盟主。人们习惯把美丽的女性比作桃花，这大概是从诗经开始的。《诗经·风·周南》中"桃夭"云："桃之夭夭，灼灼其华。 之子于归，宜其室家。 桃之夭夭，有蕡（fén）其实。 之子于归，宜其家室。 桃之夭夭，其叶蓁蓁（zhēn）。 之子于归，宜其家人。"诗中人们以桃比喻女子的一生，年少时面容清丽，灿如桃花；嫁为人妇，丰姿绰约，成熟如桃果迷人芬芳；哺育子女开枝散叶，恰如桃叶。唐朝才女薛涛侨居浣花溪时，见到溪中飘落的桃花粉白

可爱便突发奇想以桃花入笺，深受文人墨客喜欢，引起一时"洛阳纸贵"成为佳话。唐朝诗人崔护也以桃花比人，做出了"人面桃花相映红"的名句，时至今日，桃花已成为了美丽富足、幸福快乐的象征。

3. 杏花

杏花又名丹杏。树大花多，在仲春时节开放，《瓶史》称它为二月的花客卿，属四品六命之花。杏花是古老的花木，公元前数百年问世的《管子》中就有记载，因此，它在我国至少已有二三千年的栽培历史了。它既能采果又能赏花，在果木生产和城市美化上都占有重要地位。

盛开时的杏花，艳态娇姿，繁花丽色，胭脂万点，占尽春风。如在庭院中成列种植，春日里红云朵朵，非常壮观动人。杏树也适于单植赏玩，如果和垂柳混栽，在柳叶吐绿时，相互辉映，更具鲜明的色彩。十多年以上的老杏树，姿态苍劲，冠大枝垂，若孤植于水池边，在水中形成古色古香的倒影，趣味无穷。有诗赞曰："团雪上晴梢，

红明映碧寥。店香风起夜，村白雨休朝。 静落犹和蒂，繁开正蔽条。淡然闲赏久，无以破妖娆。"

　　杏花有变色的特点，含苞待放时，朵朵艳红，随着花瓣的伸展，色彩由浓渐渐转淡，到谢落时就成雪白一片。"道白非真白，言红不若红，请君红白外，别眼看天工。"这是宋代诗人杨万里的《咏杏五绝》，他对杏花的观察十分细致。

王安石在《北坡杏花》诗中，也把杏花飘落比作纷飞的白雪，他欣赏了水边的杏花，感慨地咏道："一波春水绕花身，花影妖娆各占春。纵被春风吹作雪，绝胜南陌碾作尘。"清水绕杏树，岸上花朵，水中花影，各显芳姿，水旁杏花是多么的美丽！

相传，我国古时的杏花还有多色的，比如：粉红色、梅红色、红色等等。《西京杂记》中记叙道："东海都尉于台，献杏一株，花杂五色，六出，云仙人所食。"《述异记》一书中也谈到，天台山有五色的杏花，六瓣，叫仙人杏，核内双仁。

杏花在我国传统中，是十二花神之二月花，足显地位之高！

4. 山茶花

山茶花又名茶花、耐冬、曼陀罗，薮春等，

为山茶科山茶属植物。山茶花花姿丰盈，端庄高雅，为我国传统十大名花之一。　山茶花具有"唯有山茶殊耐久，独能深月占春风"的傲梅风骨，又有"花繁艳红，深夺晓霞"的凌牡丹之鲜艳，因此，其自古以来就是极负盛名的木本花卉，在唐宋两朝达到了登峰造极之境。十七世纪引入欧洲后，引起轰动，也因此获得"世界名花"的美名。山茶喜冷湿气候，不耐高温。开放时顶风冒

雪，不怕环境的恶劣，能在严寒冬久开不败，人们称它为"胜利花"。关于此名，在云南流传着一个美丽的传说，吴三桂投降清军，并引清军入关，镇压农民起义军，充当先锋，杀死明桂王，清朝皇帝封他为平西王，镇守云南。吴三桂在云南横行霸道，在五华山建宫殿，造阿香园，传旨云南各地进献奇花异草。陆凉县境内普济寺有一株茶花，高二丈余，花呈九蕊十八瓣，浓香四溢，为天下珍品，陆凉县令见到旨谕，便到普济寺，迫令寺旁居民挖茶树。村民不允，直到天黑，无人动手下锹。这天夜里，村中的一位德高望重的老人，看见一位美丽姑娘走来，手里拿着一枝盛开的茶花，对老人说："村民爱我，培育我，我的花只向乡亲们开放，吴三桂别想看我一眼。然而，你们留我是留不住的，执意抗命会使百姓们

吃苦，还是让那县令送我去吧，我自有办法对付他们，定能胜利归来。"老人伸手去握姑娘的手，却被惊醒，原来是一个梦。第二天老人将梦境告诉给村民们，大家认为是茶花仙子托梦，就照她的意见办吧！ 县令亲自押送村民将茶树送到吴三桂的阿香园，谁知茶树刚放下，便听"哗"的一声，茶树叶子全部脱光。吴三桂大怒，责怪县令一路保护不周。谋臣进言："一路日晒，常有此情况，栽下去仍然可活的。"到了春天，茶树长了一身叶，就是不开花。吴三桂向茶树抽了一鞭，留下一道伤痕。第二年春天，吴三桂带众姬妾到阿香园赏花，见茶花只有几朵瘦小的花，吴三桂愤愤地说："这是什么举世名花！"举鞭又抽去，茶树干上留下第二道伤痕。第三个春天，吴三桂见园中一片凋零，什么花也不开，茶树上蹲着一只乌鸦，

向他哀叫。吴三桂怒火直冒，挥鞭又向茶树抽去，第二道伤痕上渗出鲜血。吴三桂下令把花匠抓起来治罪。茶花仙子为搭救花匠，不顾自己的伤痛，来到吴三桂梦中唱道："三桂三桂，休得沉醉。不怨花王，怨你昏愦。 我本民女，不求富贵，只想回乡，度我穷岁。"吴三桂举起宝剑，向茶花仙子砍去。"咔嚓"一声，宝剑劈在九龙椅上，砍下一颗血淋淋的龙头。茶花仙子冷笑一声，又唱道："灵魂贱卑，声名很臭。卖主求荣，狐群狗类！ 枉筑宫苑，血染王位。 天怒人怨，必降祸祟。"吴三桂听罢，吓得一身冷汗，便找来一个圆梦的谋臣，询问吉凶。谋臣说："古人有言，福为祸所依，祸为福所伏。茶树贱种，入宫为祸，出宫为福。不如贬回原籍，脱祸为福。"吴三桂认为有理，便把茶树送回陆凉。

茶树回乡，村里男女老少都出来迎接。大家摸着树干上的鞭痕，悲喜交集，流下了激动的眼泪。这夜，村民们做了一个同样的梦，茶花仙子对大家说："与敌人做斗争，要耐心、要坚持，我虽伤痕累累，但我终于回来了，我是胜利者。"由于茶花的气节，张谦德在《瓶花谱》中将云南的滇茶花封为一品九命之花。

5. 百合花

百合花素有"云裳仙子"之称。由于其外表高雅纯洁，天主教以百合花为玛利亚的象征，而梵蒂冈用百合花象征民族独立、经济繁荣，并把它作为国花。百合的鳞茎由鳞片抱合而成，有"百年好合""百事合意"之意，中国人自古将它视为婚礼上必不可少的吉祥花卉。百合在插花造型中可做焦点花，骨架花。它属于特殊型花材。产地分布遍及中国、日本、北美和欧洲等温带地区。百合花花姿雅致，叶片青翠娟秀，茎干亭亭玉立，是名贵的花中新秀。百合有很多品类，除白色外还有红色、粉色、黄色、橘红色等。百合花的花语是矢志不渝、甜美幸福、高贵喜悦。百合花是古时法国王室权力的象征。传说，百合花是上帝在法兰克王国第一个国王克洛维洗礼时送

给他的礼物。后来，法兰克王国分裂，西地兰克王国发展为法兰西。从 12 世纪始，法国将百合花作为国家的标志。1376 年，法王查理五世把国徽图案上的百合花改为三片花瓣，其意为圣火、圣事和圣灵三位一体。

野百合花是智利人民独立、自由的象征。传说，古代的百合花只有蓝色和白色两种，直

到 12 世纪，才有红色的百合花，因为那是由民族英雄的鲜血染成的。民族英雄劳塔罗和他的战士们为了反抗西班牙殖民主义者而英勇起义。后因叛徒出卖，三万多名自由战士战死疆场。次年春天，在英雄们洒下鲜血的土地上，突然盛开了红色的百合花。于是，一簇火一样的百合花开在了智利国徽的图案上，红色的百合是智利民族的精神之花。

美国犹他州的徽标，也是一朵百合花。传说有一年，犹他州遭受罕见的旱灾，树叶、野草都干枯了，只有长在田野的百合可供充饥，帮助人民度过饥荒。从此，犹他州的人们对百合产生了一种特殊的感情，将其视作神圣的吉祥之物。该州还规定了一条法律，为了保护百合的生长，禁止在有百合的田野里打仗。

6. 康乃馨

康乃馨又名狮头石竹、麝香石竹、大花石竹、荷兰石竹，为石竹科石竹属的植物，分布于欧洲温带地区以及中国大陆的福建、湖北等地，是目前世界上应用最普遍的花卉之一。康乃馨包括许多变种与杂交种，在温室里几乎可以连续不断地开花。相传粉红色康乃馨是圣母玛利亚的眼泪幻

化而成。圣母玛利亚看到耶稣受到苦难时流下伤心的泪水，这些泪水滴到地上变成了粉红色的康乃馨，因此粉红康乃馨成了"不朽的母爱"的象征。1907年，人们将每年五月的第二个星期日定为母亲节。在这一天，儿女们会向母亲献上一束康乃馨，以示对母爱的赞美。在法国，传说康乃馨是女神戴安娜害怕被一位英俊潇洒的牧羊童诱惑，而将他的眼睛挖出来丢到地上变成的，所以法国人将康乃馨称为Qeillet，亦为"小眼睛"。此外又说耶稣诞生时，这花从地下长了出来，所以是喜庆之花。无论如何，一年之中喜庆哀乐都有它的芳容出现，尤其在母亲节时更是少不了它。

7. 海棠花

海棠花又名解语花、海红花。在我国种植历史悠久。早在先秦时期的文献中就有记载海棠花在中国古代栽培的历史。汉代时期，海棠就已经进入皇宫内苑中。《西京杂记》中记载了海棠进入皇宫林苑的事情：汉武帝修建了一个林苑，于是群臣纷纷敬献珍贵的花卉给汉武帝，在这众多

名贵的花卉中有四株海棠。这四株海棠非常受汉武帝的喜爱，于是便种植在汉武帝的林苑之中。不论是海棠花的栽培技术还是种植面积，在唐代均有了明显的提高。《杨太真外传》中记载唐明皇李隆基曾将海棠比作杨贵妃，说明皇宫里种植海棠较多。"海棠春睡"典故的由来也与唐明皇和杨贵妃有关。宋代时期，海棠花在唐朝的基础上得到了更大的发展，终于达到鼎盛时期，在当时就被视为"百花之尊"。古往今来，以海棠为题的诗词比比皆是，大文豪苏东坡曾做海棠诗"东风袅袅泛崇光，香雾空蒙月转廊。只恐夜深花睡去，故烧高烛照红妆。"海棠花盛开在春季四五月，红花绿叶为春雨增添了妖娆，词人李清照也曾在一夜春雨后作《如梦令》以纪念海棠："昨夜雨疏风骤，浓睡不消残酒。试问卷帘人，却道

海棠依旧。知否？知否？ 应是绿肥红瘦。"海棠色艳迷人、丰姿绰约，引得无数文人骚客竞折腰，人们将其美誉为"百花之尊""花之贵妃"，甚至是"花中神仙"。

8. 芍药

芍药别名将离草，自古就是中国的爱情之花。古代男女交往，以芍药相赠，表达结情之约或惜别之情，故又称"将离草"。每年上巳节（农历三月初三，又称女儿节）待字闺中的少女们采撷芍药花赠给自己的意中人，因此芍药在中国还有

五大节日与茗儒茶道

爱情之花的美名，都说"牡丹为王，芍药为相"，芍药为"花相"这一说法可从北宋"四相簪花"的典故中窥见一斑。北宋庆历五年（1045年），韩琦任扬州太守时，官署后花园中有一种叫"金带围"的芍药一枝四岔，每盆都开了一朵花，而且花瓣上下呈红色，一圈金黄蕊围在中间，因此被称为"金缠腰"，又叫"金带围"。此花不仅花色美丽、奇特，而且传说此花一开，城中就要出宰相。当时，同在大理寺供职的王珪、王安石两个人正好在扬州，韩琦便邀他们一同观赏。因为花开四朵，所以韩琦便又邀请州黔辖诸司使前来，但他正好身体不适，就临时请路过扬州也在大理寺供职的陈升之参加。饮酒赏花之际，韩琦剪下这四朵金缠腰，在每人头上插了一朵。说来也奇，此后的三十年中，参加赏花的四个人竟都

先后做了宰相。这就是有名的"四相簪花"的故事。在张谦德的《瓶花谱》中芍药也是三品七命之花，可见"花相"之说并非虚言。

★节日古典意象花艺

花材为桃花、山茶。花器为中式细颈高瓷瓶。花型为中式斜截式，主体架构为桃枝，配以山茶花。桃枝线条的优雅，山茶花丰满的色块，再加上山茶花叶片的嫩绿，这些组合在一起得来的是一份春的惬意。清明为惊蛰、春分后的节气，意为万物生长之始。为了迎接春的到来，我们设计了款名为踏青寻芳的花艺作品。

★踏春寻芳

人间四月芳菲尽，山寺桃花始盛开。

长恨春归无觅处，不知转入此中来。

★花型设计

（韩祎 绘）

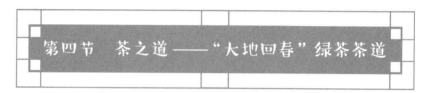

第四节　茶之道——"大地回春"绿茶茶道

备具

玻璃杯两只或玻璃盖碗两只、茶仓一只、冲茶四宝一组、赏茶盘一个、玻璃提梁壶一个、废水盂一个、净瓶一个、热水壶一个。

正文与流程

旁白：清明节是民间祭祖踏青的节日，清明节前采摘的绿茶是六大茶类中最早报春的茶。清明节时我们在户外踏春，为家人或祖先献上一杯绿意盎然的明前茶，以表达我们对先人的思念以及迎接春天的喜悦。

第一步：万条垂下绿丝绦（折柳调息）

"碧玉妆成一树高，万条垂下绿丝绦。不知细叶谁裁出，二月春风似剪刀。"清明节时大地回春，民间有折柳祈福的风俗。被暖风拂绿的柳枝看上去生机盎然，最能代表春天的活力。在泡

茶前向净瓶中插入一条柳枝，以平复茶人的心神，茶人将通过自己的双手为绿茶注入生命力，使人们品尝到春天的味道。

第二步：杨柳青青江水平（晾水）

"杨柳青青江水平，闻郎江上唱歌声。东边日出西边雨，道是无晴却有晴。"这一步是晾水，将沸腾的泉水徐徐注入玻璃壶中，一则使沸水平静，便于泡茶；二则绿茶属于芽茶类，其冲泡水温应控制在75℃～85℃之间，用晾过的水泡茶可以避免汤熟失味。看着壶中平滑如镜的泉水，让我们想到了春日绿柳荫荫，草长莺飞的翠湖。

第三步：春江水暖鸭先知（温杯）

"竹外桃花三两枝，春江水暖鸭先知。蒌蒿满地芦芽短，正是河豚欲上时。"这一步是温杯烫盏，茶盘上的两只茶杯如同春日里湖中戏耍的鸭子，它们最早知道春天的到来。茶艺师借助这一程序提升茶杯的温度，以帮助干茶挥发茶香。

96

第四步：春草青青万顷田（赏茶）

"耕夫朝暮逐楼船，春草青青万顷田。 试上吴门窥郡郭，清明几处有新烟。"这一步是赏茶，明前绿茶作为报春的使者，具有翠艳欲滴的美丽色泽，让我们通过欣赏盘中的绿茶来感受大地返青，绿草茵茵的春光。

99

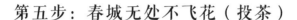

第五步：春城无处不飞花（投茶）

"春城无处不飞花，寒食东风御柳斜。日暮汉宫传蜡烛，轻烟散入五侯家。"将盘中的绿茶轻轻拨入玻璃杯中，此情此景恰似一阵春风吹过，花语如帘，落英缤纷。

第六步：草木知春不久归（润茶）

"草木知春不久归，百般红紫斗芳菲。 杨花榆荚无才思， 惟解漫天作雪飞。"这一步是点水润茶，向杯中滴入少许泉水，轻轻摇晃杯身使干茶充分吸水吐香。春雨滋润万物使大地解冻，枯草返绿，茶艺师亦是用几滴甘泉唤醒沉睡在杯中的干茶。

第七步：桃花流水鳜鱼肥（冲水）

"西塞山前白鹭飞， 桃花流水鳜鱼肥。 青箬笠，绿蓑衣，斜风细雨不须归。"这一步是冲水，用悬壶高冲的手法将甘泉注入杯中，杯中翻飞的茶叶既像随波逐流的桃花，又像水中嬉戏的肥鱼。看着水中翻飞的茶叶，我们似乎已经感受到了春天的气息。

第八步：百味随风慢品茶（敬茶）

将泡好的茶奉出，杯中的一抹鲜绿与天地间的春意相映成趣。有好茶喝，会喝好茶，是一种福气。在明媚阳光下，于青山绿水间，品一杯明前绿茶，更享一份惬意。

第五节　茶品知识——绿茶小知识

　　绿茶属于芽茶类。也就是说绿茶的采摘标准比较高，基本上以采各地的春芽制成。所有的绿茶都属于不发酵茶。绿茶的加工方式很简单。主要加工工序方式是摊晾→杀青→揉捻→干燥。所谓的杀青，就是通过热化，阻碍或减缓茶叶中活性蛋白酶的运动，进而防止发酵。根据杀青和干燥的方式不同，绿茶可分为四大类：晒青绿茶、蒸青绿茶、炒青绿茶和烘青绿茶。其中最早出现的是晒青绿茶。晒青绿茶的特点是：茶品

有一种浓郁的"太阳味"。由于晒青绿茶过于生涩，所以现在市场上几乎绝迹。比如云南的晒青绿茶，大部分是用来做普洱毛茶。蒸青绿茶出现在唐代，是运用水蒸气原理杀青。蒸青绿茶的采摘标准要求茶青相对粗老。经过蒸青的茶叶比较散碎，茶汤散发着如海藻般的清香。现在的日本抹茶、煎茶就是蒸青绿茶的代表。炒青绿茶和烘青绿茶出现的时间比较晚，他们出现在明朝。明朝的开国皇帝朱元璋曾在洪武二十四年颁布了一道"罢造龙凤团茶，以散茶进之"的诏书。有了皇帝的庇佑，从此炒青绿茶和烘青绿茶独步天下。炒青绿茶香气较高，占有全国绿茶出产量90％的份额。像我们熟知的龙井、碧螺春、竹叶青等都是此类茶的代表。而烘青绿茶的技术是针对那些叶形较大，发芽

较晚的茶而产生的。像安徽的黄山毛峰，太平猴魁，六安瓜片等就是烘青绿茶的代表。我们今天所讲的泡茶方式，就是以这四类茶为蓝本，分别讲述。但在讲述泡茶方法前，我想先讲述一下茶叶出产地对茶叶品质的影响。根据已故茶人庄晚芳先生的理论，我们将中国的十八个产茶省根据土壤种类和气候的不同划分为四个茶产区。各大产区的绿茶都各具特色，为了方便同学们学习，我们编了一套关于绿茶的歌谣：

绿茶三绿好品相，春芽肥厚鱼叶长。

夏茶主苦干瘦黄，秋冬不采来年香。

中土产地处处绿，四大产区各不像。

滇贵芽大外形壮，江南六省美名扬。

江北绿茶上市晚，夏中六月尽飘香。

华南产区绿茶少，只因发酵技术强。

绿茶多属芽茶类，冲泡宜使用温汤。

汤鲜味爽荡春波，饮罢唇齿俱留香。

上述歌谣描述了什么是绿茶。绿茶属于不发酵茶，其发酵程度一般控制在５％以内。因在加工过程中，鲜叶受高温杀青停止了发酵，所以形成了绿茶"绿叶、绿汤、绿底"的三绿特点。绿茶的出产时间以春天出产的芽茶为上，一年至少采两季——春季和夏季。如何辨别春茶和夏茶呢？春季出产的绿茶芽多且芽头肥壮丰腴（yú），这时的芽头上包裹着细密短粗的绒毛。同时经历过冬季的严寒，很多芽头由于气候寒冷没长成形，这些芽叶也随着春芽长在茶树顶端。我们将这些没长成形的叶片称为"鱼片"。很多有经验的茶专家会根据成品茶中是否有"鱼片"断定该茶是

否为春季头芽。作为一种植物，茶树一年四季都会冒芽，但与春芽不同的是夏芽因为气候多雨的原因，夏芽会比春芽单薄瘦弱。由于天气炎热，茶树生长较快，芽叶中富含咖啡因与单宁物质，因此夏天出产的芽茶，口感较苦涩。为了保证来年茶树冒芽时有足够的营养，一般来说在绿茶的产区，是不采冬茶的，所以在市面上我们很少在冬季品饮到新上市的绿茶。

在中国十八个产茶省中，几乎省省都产绿茶。西南茶产区中云南和贵州两省所产绿茶芽形粗大，这是由于该地区土壤适合茶树生长，并且这两地所产绿茶多出自灌木大叶种的原因。在西南茶产区中四川绿茶多属灌木小叶种，有芽形精巧、上市早的特点。西南茶产区的绿茶口感清爽，回甘强，但是比江南茶产区的绿茶口感要"硬"

得多，冲泡时需要严格控制水温才能泡出甜美滑润之感。

　　江南茶产区是绿茶产量最高的地区，它包括湖南全省、湖北南部，江西全省、安徽南部，浙江全省、江苏南部等地区。放眼望去，这些地区名茶辈出：湖北的恩施玉露、安徽的黄山毛峰、江西的婺源茗眉、江苏的碧螺春以及浙江的西湖龙井。因此江南茶产区的绿茶以香高、色艳、形美、口感柔滑而享誉全世界。

　　华南茶产区包括广西、广东、福建、台湾、海南，在这些地区半发酵的乌龙茶名头盖过了不发酵的绿茶，因此我们平时在市面上很少看到这些地区出产的绿茶。但在发酵技术没有出现之前，这些地区也是绿茶的主要茶区。

　　最后是江北茶产区，江北茶产区是中国最北

部的茶产区，它包括山东南部、江苏北部、河南南部、安徽北部、陕西南部、甘肃南部及湖北北部。这些地方的平均气温比江南、华南以及西南茶产区都要低，因此灌木茶树生长缓慢。以日照绿茶为例，该地区绿茶在每年的阳历五月才发芽，虽然上市较晚，但该地区的茶滋味鲜醇厚重，有"色深、耐泡、回甘强"的特点。

总而言之，绿茶属于芽茶类，采摘标准比较高，成品茶中富含大量的叶绿素和维生素 C，因此冲泡绿茶的水温应控制在 75℃到 85℃之间。为了欣赏其"三绿"特点，建议使用透明度较高的玻璃杯。可以试想一下，在暖风和煦的初春或是在烈日炎炎的初夏，呷（xiā）一口清新淡雅的绿茶，那种唇齿生津、鲜爽宜人的口感，会使品茶者感受到生命的活力与愉悦。绿茶作为中国茶产量最大的一个品类，名品

成千上万，对于不同外形的绿茶我们又该采用何等的冲泡方式呢？下面我们将为大家介绍三种常见的绿茶冲泡法。

一、绿茶上投法

正如前文所述，有些产区的绿茶采摘标准比较高。采得早，采得净，采得嫩，所以干茶外形紧实精巧，茶底肥嫩。由于采的都是早春嫩芽，经过加工，茶芽上的茸毛贴附在干茶表面，看上去清清白白，清爽可爱。比如江苏的碧螺春。特级碧螺春每500克可捡出1 7000个芽头。冲泡这样的茶时，为保证茶汤清亮，且在最大程度上体现其鲜嫩的特性，我们可选取玻璃杯上投法。具体操作如下：

首先选择一只透明度较高的玻璃杯，大概长

度在 10 ～ 15 厘米左右，其次向杯中注入杯身 70% 的热水，当水温降至 75℃左右时，向杯中拨入 3 克干茶，干茶吸水迅速下落。品茶者可观赏到绿雪飞舞，春池飘香的奇景。

二、绿茶中投法

绿茶的中投法是针对条似松针的炒青绿茶而设计出来的。比如四川的竹叶青，湖北的松箩茶等。具体操作如下：

首先，还是选择一只透明度较高的玻璃杯，向杯中注入 50% 的热水。当水温晾至 75℃～80℃左右时，将 3 克干茶拨入杯中。随即注入杯身 20% 左右的热水。这时，杯中的干茶迅速吸水，部分茶叶落入杯底，恰似春笋，又如玉柱。部分茶叶悬在杯中，如精灵般飞舞。至

于水温具体是70℃还是80℃，要看茶叶的原产地和采摘时间。一般来说四川茶茶形较大，茶中单宁物质和咖啡因含量较多，冲泡时水温应近75℃。像江西茶茶质较软，多糖物质含量较高，冲泡水温可达80℃。

三、绿茶下投法

绿茶下投法可选用两种器皿。一种仍是玻璃杯，另一种则是三才盖碗。通常人们泡绿茶，为了不使汤熟失味，都会选用敞口玻璃杯。但对于那些采摘时间过早的绿茶，我们则建议选用瓷质盖碗冲泡，因为这样的绿茶往往虽色泽艳丽、条形整齐，但滋味清淡，茶气略显不足，用盖碗焖之，可增强茶之气韵。故用绿茶下投法冲茶时，要根据绿茶的嫩度及采摘时间选择不同的器皿。具体

操作如下：

选择一只玻璃杯或瓷质盖碗，用热水清洗茶杯，提高杯身的温度。再向杯中拨入 3 克干茶，同时往杯中点入 20 毫升左右的热水。为使绿茶耐泡，点水润茶时，要将水沿杯身注入，不要直接打在干茶表面，随即轻摇杯身，摇出茶香。待干茶充分吸水后，用悬壶高冲的手势，向杯中注入杯身 70% 的热水。水温根据茶叶的老嫩粗细，控制在 75℃ 至 80℃ 之间。绿茶下投法适合用于西湖龙井等香气高锐的炒青绿茶，能最大限度地激发茶香。

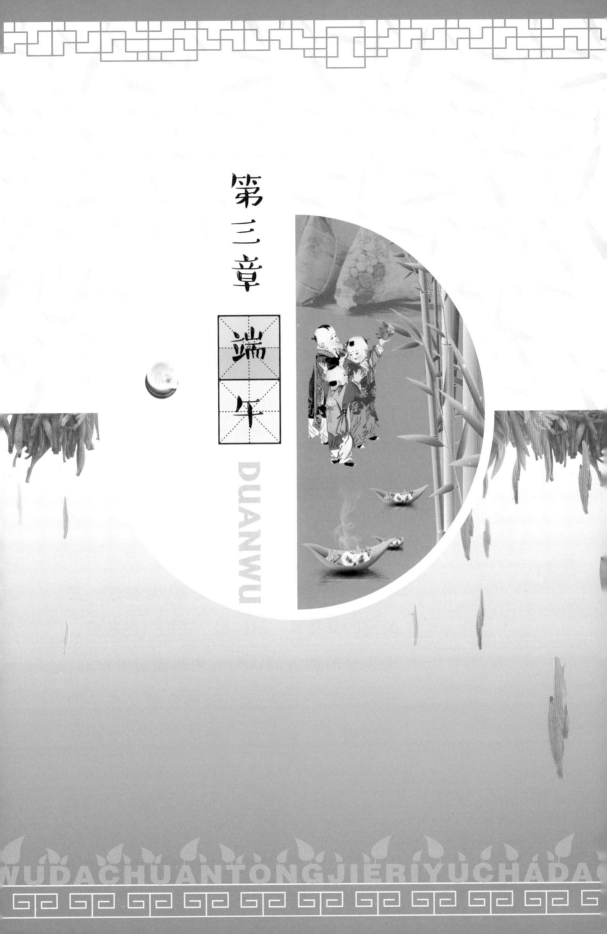

第三章

端午

DUANWU

第一节　端午节的由来与传说

端午节，为每年农历五月初五，又称端阳节、午日节。这一天人们会以吃粽子、划龙舟、戴彩棕等形式庆祝。端午节的出现与夏至节气有关，古人认为进入夏季后，蛇虫鼠蚁开始肆虐人间，五月初五是阳光最强烈的日子，这一天家家户户都会晒艾草，他们认为在这一天晒出的艾草具有驱蚊蝇、正阳气的药效，而且当时的人们认为五色彩线最能驱邪，所以家家户户在这一天都会给女孩子的手腕缠上五彩丝线，给男孩子的额头系

上艾草，大人们畅饮雄黄酒以避毒虫。后来人们又在此节中加入吃粽子、划龙舟等精彩活动作为节日的主要项目。这又是为什么呢？这与端午节的由来有关。下面我们就为大家一一介绍这几个传说。

传说一：端午节吃粽子、划龙舟的风俗活动源于纪念屈原

据《史记·屈原贾生列传》记载，屈原是春秋时期楚怀王的大臣。他倡导举贤授能、富国强兵、联齐抗秦，遭到贵族子兰等人的强烈反对，屈原遭谗言去职，被赶出都城，流放到沅、湘流域。他在流放中写下了忧国忧民的《离骚》《天问》《九歌》等不朽诗篇。这些作品独具风貌，影响深远。因而，端午节也称诗人节。公元前 278 年，秦军

攻破楚国京都，屈原眼看自己的祖国被侵略，心如刀割，但是始终不忍舍弃自己的祖国，于五月五日，在写下了绝笔作《怀沙》之后，抱石投汨罗江而死，用自己的生命谱写了一曲壮丽的爱国主义乐章。

传说屈原死后楚国百姓哀痛异常，纷纷涌到汨罗江边去凭吊屈原。船夫们划起船只，在江上来回打捞他的尸身。有位船夫拿出为屈原准备的饭团、鸡蛋等食物，"扑通、扑通"地丢进江里，说是让鱼龙虾蟹吃饱了，就不会去咬屈大夫的身体了。人们见后纷纷仿效，一位老医师则拿来一坛雄黄酒倒进江里，说是要用药酒驱赶蛟龙水兽，以免伤害屈大夫。后来由于怕饭团被蛟龙所食，人们想出用楝树叶包饭，外缠彩丝的办法，这就是粽子的前身。

以后，在每年的五月初五就有了龙舟竞渡、吃粽子、喝雄黄酒的风俗，以此来纪念爱国诗人屈原。

传说二：端午节吃粽子、划龙舟的风俗活动源于纪念伍子胥

端午节的第二个传说，在江浙一带流传很广，是纪念春秋时期（公元前770—前476年）的伍子胥。伍子胥名员，楚国人，父兄均为楚王所杀，后来子胥弃暗投明，奔向吴国，助吴伐楚，五战而入楚都郢（yǐng）城。当时楚平王已死，子胥掘其墓并鞭尸三百，以报杀父兄之仇。吴王阖闾（hé lǚ）死后，其子夫差继位。吴军士气高昂，百战百胜，越国大败，越王勾践求和，夫差同意了。子胥建议，应彻底消灭越国，夫差不听，吴国宰相受越国贿赂，谗言陷害子胥，夫差信了奸人，

赐子胥宝剑，命其自刎。子胥本为忠良，视死如归，在死前对邻舍人说："我死后，将我眼睛挖出来悬挂在吴京之东门上，我要看越国军队入城灭吴。"说罢便自刎而死，夫差闻言大怒，把子胥的尸体装在皮革里于五月五日投入大江，因此相传端午节亦为纪念伍子胥之日。

传说三：端午节吃粽子、划龙舟的风俗活动源于纪念孝女曹娥

端午节的第三个传说，是为纪念东汉孝女曹娥救父投江。曹娥是东汉上虞人，父亲溺于江中，数日不见尸体。当时孝女曹娥年仅十四岁，昼夜沿江号哭。哭了十七天，于五月五日也投了江，五日后抱出父尸，就此传为神话。东汉书法家师宜官得知此事后大为感动，便命其弟子邯郸淳将

孝女曹娥的事迹记录下来，在民间广泛颂扬。

孝女曹娥之墓，在今浙江绍兴，后传曹娥碑为晋王义所书。后人为纪念曹娥的孝节，在曹娥投江之处兴建"曹娥庙"，将她所居住的村镇改名为"曹娥镇"，曹娥殉父之处定名为"曹娥江"。故而相传，现在江浙地区还保留着在端午节向江中投彩粽、划龙舟等风俗传统，是为了纪念孝女曹娥。

无论是纪念忠君爱民的屈原、伍子胥还是孝感动天的曹娥。这些端午节的由来与传说，都表达了中华民族对 "孝、悌、忠、信"等美德的崇拜。在端午节除了吃粽子、划龙舟，我们还有很多习俗，它们亦表达了劳动人民对幸福生活的渴望。在下面的章节我们就来共同领略一下这些多姿多彩的民风民俗。

第二节　传统节日风俗

一、缠彩粽的由来

端午节在五月初五，正直立夏节气，是万物生发，郁郁葱葱的时节。传说青、红、黄、白、黑五色丝线分别代表了五行中的木、火、土、金、水，有趋吉避凶之意，因此在端午节时，家人会给女孩子们于手腕处系上五色丝线，取吉祥之意。后来又是如何发展成五色彩粽的呢？这就与爱国诗人屈原有关了。昔日屈原怀石投江，后人每年以五色丝络祭奠屈原大夫，不仅如此，人们还在河中投入粽子以防

屈原的尸骨为水族所食。河神被世人此举所感动，为感谢大家的善举，特施法术，将水中粽子幻化为彩色香粽，大家可前往三界河海之滨，使用青、红、黄、白、黑五色端午新丝捞取彩粽。后来民间逐渐兴起在端午节佩戴五色丝线彩粽的习俗。

二、晒艾草的由来

艾草在我国古代一直是药用植物，在针灸治疗中就有用艾草行灸的治疗手段。有关艾草可以驱邪的传说已经由来已久，这是由于它具备正阳驱寒的药效。宗懔（lǐn）的《荆楚岁时记》中记载曰："鸡未鸣时，采艾似人形者，揽而取之，收以灸病，甚验。是日采艾为人形，悬于户上，可禳毒气。"一般人家也有在房屋前后栽种艾草，祈求吉祥的习俗。

124

五月端午割艾草、插艾草之说由来日久，说法不一。据说在唐朝末年，有一位农民起义军的领袖名叫黄巢，此人强悍勇猛，官兵听到这个名字都会害怕。有一次黄巢经过某个村落，正巧看到一个妇女背上背着一个较大的孩子，手上却牵着一个年纪较小的孩子在赶路，黄巢非常好奇，就询问原因。那位妇人不认识黄巢，所以就直接告诉他："黄巢来了"。原来黄巢的军队杀了她叔叔全家，只剩下背上背的这个唯一的命脉，所以万一无法兼顾的时候，只好牺牲自己的孩子，保全叔叔的骨肉。黄巢听了大受感动，他对村妇说："我黄巢专和官府作对，决不伤害无辜百姓！"说着，他拔出佩剑一挥，砍倒路边两株艾草，交给村妇说："大嫂，你快快回城传话，让穷人们身上系上艾叶，有这个记号，保管不会受到伤害。"

这个消息很快就传遍了全城。第二天正好是五月初五，农民起义军攻下了邓州，杀了县官，而老百姓没有受到一点伤害。从此，端午节系艾叶可避免灾祸就一直流传至今。时至今日，民间还保留着端午节给男童头上系艾叶的风俗。

三、划龙舟的习俗由来

战国时期，楚国大夫屈原含恨投江自杀。楚国人民因舍不得贤臣屈原死去，于是便自发划船打捞他，为了不使屈原的尸体被水中的鱼虾吞噬，便争先恐后的划船入水以驱散鱼群。后演化成赛龙舟这一端午节特有的体育竞技。时至今日，端午赛龙舟已成为我国国家级非物质文化遗产的项目之一。

第三节　节日花卉与插花

1. 牡丹

牡丹原产于中国西部的秦岭和大巴山一带山区，属多年生落叶小灌木，生长缓慢，株型小。牡丹是我国特有的木本名贵花卉，素有"国色天香""花中之王"的美称，在张谦德的《瓶花谱》中牡丹被评为"一品九命"之花，它也是四月花神。长期以来被人们当作富贵吉祥、繁荣兴旺的象征。牡丹以洛阳牡丹、菏泽牡丹最负盛名。牡丹，又名"焦骨牡丹"，据说这个名字的由来与武则天

有关。唐五周时，在一个冰封大地的寒冬，武则天到后花园游玩，只见天寒地冻，百花凋零，万物萧条，心里十分懊恼，她心想："若一夜之间，百花齐放该多好，以我之威，想那百花不敢违旨。"想到这，她面对百花下诏令道："明朝游上苑，火速报春知，花须连夜发，莫待晓风催。"武则天诏令一出，百花仙子惊慌失措，聚集一堂商量对策。有的说："这寒冬腊月要我们开花，不合时令怎么办？"有的说："违背武后的圣旨会落个悲惨的下场。"众花仙默然，她们都目睹过武则天"顺我者昌，逆我者亡"的种种行为。第二天，一场大雪纷纷扬扬从天而降，尽管狂风呼啸，滴水成冰，但众花仙还是不敢违命。只见后苑中，五颜六色的花朵真的顶风冒雪，绽开了花蕊。武则天目睹此情此景，高兴极了，突然，一片荒凉的花圃映入眼帘，武则天的脸一下子沉了下来："这是什么花？怎敢违背朕的圣旨呢？"大家一看，原来是牡丹花。武则天大怒："马上把这些胆大包天的牡丹逐出京城，贬到洛阳去。"谁知，这些牡丹到了洛阳，被随便埋入土中，很快就长出绿叶，开出的花朵娇艳无比。武则天闻讯气急败坏，派人即刻赶赴洛阳，用一把火将牡丹花全部

烧死。无情的大火映红了天空，棵棵牡丹在大火中痛苦地挣扎、呻吟。然而，人们却惊奇地发现，牡丹枝干虽已焦黑，但那盛开的花朵却更加夺目。牡丹花就这样获得了"焦骨牡丹"的称号，牡丹仙子也以其凛然正气，被众花仙拥戴为"百花之王"。从此以后，牡丹就在洛阳生根开花，名甲天下。徐书信在《牡丹传说》中有诗云："逐出西京贬洛阳，心高丽质压群芳。铲根焦骨荒唐事，引惹诗人说武皇。"

2. 蜀葵

蜀葵（学名：Althaea rosea（Linn.）Cavan.），别称一丈红、大蜀季、戎葵。属两年生直立草本植物，高达两米，茎枝刺毛密布。花呈总状花序，顶生单瓣或重瓣，有紫、粉、红、白等色，花期6月至8月。原产于中国四川，现在中国分布很

广。由于它原产于中国四川，故名曰"蜀葵"。又因其可达丈许，花多为红色，故名"一丈红"。蜀葵于六月间麦子成熟时开花，而又得名"大麦熟"。

蜀葵花神传说与汉武帝的宠妃李夫人有关。李夫人是宫廷乐师李延年的妹妹。李延年曾为她写了一首很有名的歌："北方有佳人，绝世而独立，

一顾倾人城，再顾倾人国，倾城与倾国，佳人难再得。"倾国倾城这个成语就是由此而来。

汉武帝听到这首歌后才注意到李夫人，后娶她为妃。李夫人貌美如花，能歌善舞，很受汉武帝宠爱。后来李夫人病重，卧床不起，汉武帝时常前去探望，她却始终背对武帝，坚决不让武帝见到自己的样子，说是病颜憔悴，怕有损在武帝心中的美好形象。

李夫人死后，汉武帝在很长一段时间都对她怀念不已，甚至在七八年后作"秋风辞"祭奠李夫人，留下"怀佳人兮不敢忘"的词句。由于李夫人早逝，短暂而又绚丽的生命宛如秋葵一般，所以人们就以她为七月蜀葵的花神了。因为蜀葵每年在端午节前后开放，所以人们又称它为端午花。

3. 紫罗兰

紫罗兰属十字花科、紫罗兰属，别名草桂花、四桃克、草紫罗兰。

据希腊神话记述，主管爱与美的女神维纳斯，因情人远行，依依惜别，晶莹的泪珠滴落到泥土上，第二年春天竟然发芽生枝，开出一朵朵美丽芳香的花儿来，这就是紫罗兰。紫罗兰在古希腊是富饶多产的象征，雅典以它作为徽章旗帜上的标记。罗马人也很看重紫罗兰，把它种在大蒜、洋葱之间。克里特人则把它用于皮肤保养方面，他们将紫罗兰花浸在羊奶中，当成乳液使用。然而，撒克逊人则将它视为抵抗邪灵的救星。

紫罗兰原产于欧洲南部，在欧美各国极为流行并深受喜爱。它的花有淡淡幽香，欧洲人用它

制成香水，备受女士们青睐。在中世纪的德国南部还有一种风俗：把每年第一束新采的紫罗兰高挂船桅，祝贺春返人间。每年六七月份正是紫罗兰花期最旺的时候，它迷人的芬芳为身处酷热的人们带来丝丝清幽的享受。

4. 石榴

石榴又称安石榴，千屈菜科灌木，落叶灌木或小乔木。石榴的原产地并不是中国，相传是汉代张骞出使西域时从番邦引进的花卉品种。汉武帝时，张骞出使西域，住在安石国的宾馆里，宾馆门口有一株开满红花的小树，张骞非常喜爱，但由于从未见过，不知是何树，请教园丁才知是石榴树。张骞每每得空总要站在石榴树旁欣赏石榴花。后来，天旱了，石榴树的花叶日渐枯萎，于是张骞就每天用水浇灌那棵石榴树，石榴树在张骞的灌浇下枝繁叶茂。张骞在安石国办完公事，准备回国。临走前的一天夜里，张骞正在屋里画通往西域的地图。忽见一位红衣绿裙的女子飘然闯入，向张骞施礼说："听说明天您就要回国了，奴愿跟您同去中原。"张骞大吃一惊，心想准是

安石国的某位使女想跟他逃走。身在异国，又为汉使的他，怎能惹此是非，于是正颜厉色说："夜半私入，口出乱语，请快快出去吧！"那女子见张骞撵她，怯生生地走了。

第二天，张骞回国时，安石国国王赠金银给他，他不收，却想起那棵石榴树，便说："我们中原什么都有，就是没有石榴树，我想把宾馆门口那棵石榴树带回去，移往中原，也好做个纪念。"安石国国王答应了张骞的请求，派人起出那棵石榴树赠给张骞，并率领文武百官给张骞送行。张骞一行人回朝途中，不幸被匈奴人拦截，杀出重围后，在匆忙中把那棵石榴树弄丢了。人马择日回到长安，汉武帝率领百官出城迎接。正当此时，忽听队后有一女子在呼喊："使臣，你叫奴赶得好苦啊！"张骞回头看时，正是在安石国宾馆里见到的那位女子，只见她披头散发，气喘吁吁，白玉般的脸蛋上挂着两行泪水。张骞一阵惊异，忙说道："你为何不在安石国，要千里迢迢来追我？"那女子垂泪说道："路途被劫，奴不愿离弃天使，就一路追赶而来，以报昔日浇灌活命之恩。"说罢，她"扑通"一声跪下便不见了。就

在她跪下去的地方，出现了一棵石榴树，叶绿欲滴，花红似火。汉武帝和众百官见状无不惊奇，张骞这才明白是怎么回事，就给汉武帝讲述了在安石国浇灌石榴树的前情。汉武帝一听，非常喜悦，忙命人将树刨出，移植至御花园中。从此，中原就有了石榴树。由于石榴花美，开放时红艳似火，其果实甜美多汁，又象征着多子多福，因此人们把它奉为五月花神。

5. 石菖蒲

石菖蒲别名菖蒲叶、水剑草、香菖蒲，花期2月至6月，端午节前后长势最为茂盛。古人认为此植物有避邪祛秽的功效，故有习俗在端午节将其系在男童的前额。石菖蒲的药用美名与爱国诗人陆游颇有渊源，公元1144年，20岁的南宋大诗人陆游与舅舅的女儿唐琬结婚，婚后夫妻感

情甚笃。不想几个月后，唐琬却患了尿频症，一昼夜排尿20多次，整个人被折磨得形消神脱，痛苦异常。陆游十分着急，遍寻医生诊治，却总不见效。一天，已成名医的好友郑樵来访，诊察病情后，开了张处方，将石菖蒲、黄连等研为细末，每天早晚各以黄酒冲服6克。唐婉服了几天，病竟豁然痊愈。陆游十分感谢郑樵，也对石菖蒲赞誉有加，挥毫写下脍炙人口的《菖蒲》诗："雁山菖蒲昆山石，陈叟持来慰幽寂。寸根蹙密九节瘦，一拳突兀千金直……根盘叶茂看愈好，向来恨不相从早。"

6.兰花

兰花属兰科。相传司掌兰花的花神是屈原。楚怀王年间，屈原遭到奸臣陷害，被革职罢官。他回到了家乡归州，即今湖北省秭（zǐ）归县，于仙女山下的九畹（wǎn）溪边，办起一所学堂，亲自教授弟子。传说《离骚》中"余既滋兰之九畹兮"的诗句，就是出自于此。

话说某一天，仙女山的兰花娘娘出游，打这里路过，发现清癯（qú）的屈原正在讲课，于是

自空中降下云头，立在窗外一侧静听。屈原挥舞双手，慷慨激昂地陈述振兴楚国的道理，那种矢志不渝的爱国精神，为兰花娘娘所感动。她深知屈原平素性喜兰花，临走时，遂特意施展法术，将其栽种在窗下的三株兰花点化成精。兰花品格高尚，开着淡绿或浅黄的花朵。屈原诲人不倦，

舍己忘我地传道授业。一次课间，他抱病讲到国家奸臣当道、百姓受难的情形。由于过分激动，义愤填膺，一口鲜血从嘴里喷射出来，恰巧溅落在窗外的兰花根部。弟子们见老师呕心沥血地教书育人，心疼得泪流满面。那三株兰花，得到屈大夫的心血滋养，一夜之间竟发成了一大蓬，学生们数了数，足有几十株。屈原闻着扑鼻的清香，病情也好转了许多。大家喜出望外，一齐动手将兰花分株移栽到学堂四周的空地上。

　　说来奇怪，那兰花第一天入土即生根，第二天便发蔸（dōu）抽芽，第三天则伸枝展叶，第四天就绽蕾开花，到了第五天，每一株又发出大蓬大蓬的新蔸来。屈原率领学生们在溪边、山上忙着移栽，兰花因此得以铺展蔓延。山里老农欣喜地说："我们这里十二亩称一畹（wǎn），屈大夫栽种的兰花，怕有三畹了！我们这山乡呀，真该改名叫芝兰乡了。" 随后，兰花从三畹发展到六畹，又由六畹逐步扩展到了九畹。

从此，仙女山下的这条清溪就叫作了九畹溪。九畹溪边的兰花，一年盛似一年，其醉人的芳香溢满了整条西陵峡，香飘全归州，直至香了半个楚天！ 终于，乘着一叶扁舟，载了满溪花香，屈原还是出山了。可是，那一年五月，九畹溪畔、芝兰乡里葳蕤（wēi ruí）的兰花，突然全部凋零枯萎而死，只留下阵阵暗香……乡亲们预感到将有什么不祥的事情发生，心里惴惴（zhuì）不安。果然，几天之后传来噩耗，就在兰花凋谢的那天，屈大夫已经含冤投身汨罗江自尽。人们悲痛不已，仙女山上的兰花娘娘也哭红了眼睛。

屈大夫的学堂遂被改建成为芝兰庙，广植兰

草，后人借此以示永久的纪念。兰花受到古往今来的文人雅客喜爱，连康熙皇帝也写诗赞美兰花："婀娜花姿碧叶长，风来难隐谷中香。不因纫取堪为佩，纵使无人亦自芳。"

★节日古典意象花艺

本件作品选取的主要花材有牡丹、石榴。端午已是夏季，为四季之阳，时盛。故用牡丹为主材。牡丹为花之魁，至阳至盛，正应端阳正午节气。石榴为六月花王，具果实而留于枝条，伴果生花皆生于此。其色为胭红、朱金，二色皆为盛色。用朴实的矮口陶罐作为花器，与艳丽的榴花、牡丹形成对比，以调和花卉浓艳的色彩。端午节期间，亲手插制一件这样的时令花卉作品，红艳鲜明的色彩取蒸蒸日上、前程似锦之意。

★咏端阳双绝

五月花魁艳天下，六月榴花红似霞。

双绝绽放迎端阳，留芳满室竞芳华。

★花型设计

（韩祎 绘）

第四节　茶之道——端午"正阳茶"

备具

祥陶盖碗一只，公道杯一只，过滤网一套，茶巾一条，祥陶品杯四只，茶叶罐一只，赏茶荷一只，冲茶四宝一组，提梁壶一把，废水盂一只。

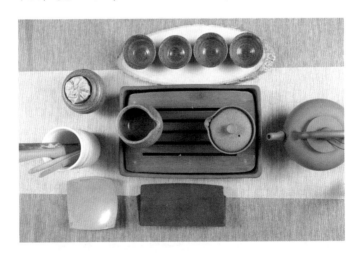

五大节日与茗儒茶道

正文与流程

第一步：五彩新丝缠角粽（调息）

将一只缠有五色丝线的粽子香囊，轻轻挂在枝头，彩粽中的悠悠香气沁入鼻端。茶艺师在这如丝如缕的香气陪伴下慢慢闭上眼睛，做三次深呼吸，使心神逐渐安静下来。端午节佩戴彩粽是后人为纪念爱国士大夫屈原所立的风俗。在泡茶前献上一只彩粽，亦是茶艺师向茶友们表示自己愿效仿屈原大夫志存高远，心怀天下。

第二步：鉴赏新芽楚辞颂（赏茶）

《楚辞》是屈原大夫著名的爱国诗篇，屈原在文中将自己比喻为不食人间烟火的天使，"引朝阳之甘露，举清分之兰草"以表达高风亮节之情怀。这一步是赏茶，茶是天地孕育的灵芽，至清至洁，有涤昏聩（kuì）、驱睡魔、明心神之功效。它自古为无数仁人志士所喜爱。我们一边在心中默诵着楚辞中那些精美绝伦的诗句，一边欣

赏手中如英华般美丽的干茶。今天我们选取的是需要阳光晒青的白茶，在端午节时泡上一杯气韵十足的白茶以祭奠士大夫屈原，表达我们对这位爱国诗人的崇敬。

第三步：细语涤心空似谷（温杯）

轻轻地将少许甘泉斟入盖碗中，温热的泉水不仅能提升泡茶器的温度，帮助干茶挥发茶香，更可以滋润泡茶人的心田，使我们的心灵更加纯净高尚。

第四步：英华坠落幽谷中（投茶）

将赏茶盘中的干茶轻轻拨入盖碗。常言道："落红不是无情物，化作春泥更护花。"茶之高德在于其无私奉献，它牺牲小我化为甘露滋养万民，正符合古代先贤之大义，是我们学习的榜样。

第五步：一洗幽兰相似无（醒茶）

向杯中注入开水并快速出汤。这一步是醒茶，吸收了少许甘泉的茶叶，在杯中慢慢苏醒，吐露出若有若无的茶香，恰似空谷幽兰。

第六步：二浸芷若馥（fù）雅风（冲茶）

使用悬壶高冲的手法，再次向杯中注入开水，并盖上杯盖，静置五秒，等待茶与水充分融合。水滋润了干茶，助其吐露芬芳；茶融入水中，增其风味。泡一杯美味的茶品，茶与水都是不可缺少的要素，正如对于一名君子而言，德与才都是其必备的品质。

第七步：三分甘露茗瓯（ōu）里（分茶）

将泡好的茶汤，过滤到公道杯中，并平均地分别斟入三支茗瓯中，以示正人君子为人坦荡，做事公道，不偏不倚。

第八步：敬向茶友乐融融（奉茶）

双手捧杯将茶奉给茶友，泡茶人献上的不仅仅是一杯香茗，更是茶人那颗拳拳的爱茶之心。希望饮茶者品过此茶后，也能像古代先贤那样正义凛然、为国效忠。

第五节　茶品知识——白茶小知识

　　白茶主要产自福建(闽)的福鼎地区。白茶这一茶品已有一千多年的历史,可追溯到北宋。宋徽宗所著《大观茶论》中,将白茶单独用一章来介绍,可见其在当时受重视的程度。野生白茶属小乔木种,芽叶肥硕,形体较大。根据采摘等级不同,可分成四类:白毫银针、白牡丹、寿眉和贡眉。

　　白毫银针是精拣早春茶芽精制而成,由于其成品茶表面遍布浓密白毫且条索挺秀如针,故称白毫银针。由于该茶由

茶芽所制，所以滋味清爽，似有豆香且毫香明显。所谓白牡丹，就是采一芽一叶或一芽两叶精制而成的白茶，其滋味比白毫银针更为浓烈、甜美。

寿眉则是取立夏后长成的茶叶，由于茶叶中富含单宁及咖啡因等物质，所以经手存放后茶品枣香味明显。

在茶山对白茶有这样的说法：一年为茶，三年为药，五年为宝。这是因为经过陈放后的白茶具有消炎退烧，舒缓神经等药效，这种药效会随着时间的沉淀越放越强。如果说新的白茶滋味清香淡雅，那么经过陈放的白茶则会随着时间的转变自然发酵，干茶色泽越变越深，汤色则由黄绿或金黄转为如血珀般红亮，且药香持久，饮后体感明显，促人发汗。为了方便大家记忆，我们把白茶的分类和特点编成了歌谣：

五大节日与茗儒茶道

闽东白茶，风味独嘉。

宋已有之，美名中华。

共分四类，银针质佳。

春树芽尖，毫密光滑。

一芽一叶，白牡丹茶。

香气高雅，汤厚甜滑。

夏采寿眉，有叶少芽。

芽头瘦小，成叶形大。

味有枣香，茶气易发。

陈年白茶，汤厚极佳。

初品香醇，再品汗发。

三年成药，五年宝华。

汤似血珀，香扬优雅。

冲泡不同等级、形制的白茶需要选择不同的方法，下面我们就为大家逐一介绍。

一、白毫银针的冲泡法

作为白茶中的上等品，制作白毫银针的茶菁都是选用春季芽头，这样的茶芽根根挺直，外裹白色绒毛，故名白毫银针。冲泡这样的针形茶，我们可选用透明度较高的玻璃杯，运用中投法的方式冲泡。首先，往玻璃杯中注入50％的开水，水温控制在90℃～100℃。根据茶芽采摘时间不同，选择不同的水温，茶芽越嫩，水温越低。其次，向杯中拨入3克干茶，待干茶逐渐吸水后，向杯中注入20％的开水，泡成后茶芽根根直立，浮于水中。同针形绿茶和黄芽茶一样，品饮白毫银针的过程是极具视觉享受的。人们都说在品饮此茶时，不仅可以一饱口福，还可以一饱眼福。如果您想体会一下银针之美，那么就请按照上述步骤为自己泡上一杯白毫银针吧！

二、白牡丹与寿眉、贡眉的冲泡法

正如前文所述，制作白牡丹的茶菁是选用一芽一叶或一芽两叶的白茶鲜叶制成，制作寿眉及贡眉的原料则是选取白茶的叶加工而成，由此可知这三款茶外形并不俊美、紧结。但正是这样的长成叶，经过发酵后茶汤口味会转换得甜美滋润，根据这一特性，我们在冲泡这三款白茶时可选用盖碗或紫砂壶作为泡茶器，具体操作方法如下：首先，用开水温热泡茶器，再向杯或壶中拨入 3～5 克干茶，第一次冲水后迅速出汤，这个步骤被形象地称为"温润泡"。意在使干茶迅速

吸水吐露茶香。这泡茶一般不用来品饮。第二次
冲水后，盖上盖子静止 1 ~ 3 秒，静置时间也根
据茶品老嫩程度而定。越嫩的茶品静置时间越短，
随后迅速出汤。此时的茶汤呈杏黄色，香甜滋润、
清爽适口。白茶具有安神助睡、理气发汗的作用，
是仲夏时节祛暑安神的最佳饮品之一。

三、年份白茶的煎煮法

在白茶的原产地流行着这样的说法，白茶是
"一年为茶、三年为药、五年为宝"。一般来说，
对于十年以上的老白茶使用煎煮法的方式品饮，
更能体现其甘醇的口感和强烈的药性。我们选用
陶制侧柄壶或玻璃提梁壶作为煮茶器。先将煮茶
器用热水温热，再向壶中拨入 5 ~ 7 克干茶，并
点入少量热水放在明火上，焙香。待干茶吸水吐

香后再向壶中注入三分之二的热水。烹煮约一段时间，待壶中茶汤泛起白沫便可出汤。出汤后壶中要保留约三分之一的茶汤，以备后用。经过烹煮的白茶，果胶质、多糖等物质充分浸出，药香强烈，因此茶汤更为厚滑、甘醇。当身体因外寒入侵而百节不舒时，喝上一壶这样的白茶马上会有大汗淋漓、疏筋松骨的感觉。

第四章 中秋

ZHONGQIU

第一节　中秋节的由来及传说

　　农历八月十五这一天是我国的传统节日——中秋节，它与春节、清明节、端午节并称为中国汉族的四大传统节日。据史籍记载，古代帝王有春天祭日、秋天祭月的礼制，而祭月的节气为农历八月十五，时日恰逢三秋之半，故名"中秋节"；又因这个节日在秋季八月，故又称"秋节""八月节""八月会""仲秋节"；又因有祈求团圆的信仰和相关节俗的活动，故亦称"团圆节""女儿节"；因中秋节的主要活动都是围绕"月"进行的，

所以又俗称"月节""月夕""追月节""玩月节""拜月节"；在唐朝，中秋节还被称为"端正月"。关于中秋节的起源，又是怎样的呢？在本节中我们就中秋节的起源为大家作详细的介绍。

农历八月十五是我国传统的中秋佳节，"一年月色最明夜，千里人心共赏时"。有关中秋节的来历众说不一，据专家考证，在中国传统的三大节日中（春节、端午和中秋节），中秋节形成最晚。不过，与其他传统节日一样，中秋也有着悠久的源头，它的历史可以追溯到远古的敬月习俗和秋祀活动。

我国古代很早就有祭祀月亮的礼俗，据《周礼》记载，周代已有"中秋夜迎寒""秋分夕月（拜月）"的活动。农历八月中旬，是秋粮收获之际，人们为了答谢神祇（zhǐ）的护佑而举行一系列仪

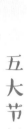

式和庆祝活动，称为"秋报"。中秋时节，气温已凉未寒，天高气爽，月朗中天，正是观赏月亮的最佳时令。但是，后来祭月的成分便逐渐被赏月所替代，祭祀的色彩逐渐褪去，这一节庆活动却延续下来，并被赋予了新的含义。

在中秋节的演变过程中，古老的礼俗与众多神话传说及中华传统文化中其他诸多因素结合在一起，最终形成了内涵丰富的重要节庆。这其中最有名的要数那些围绕着月宫而产生的一系列神话，如嫦娥奔月、吴刚伐桂、唐明皇游月宫等，它们给月亮赋予了七彩霓虹般神秘绚丽的光环，使之充满浪漫色彩。唐代中秋赏月饮宴的风俗已颇为盛行。从流传下来的众多描写中秋的诗句中，可以看出当时人们已把嫦娥奔月等神话与中秋赏月联系在一起了。唐朝初年，中秋节可能已成为

固定的节日。不过，当时中秋节似乎还是以赏月和玩月为主，而且没有在民间广泛流行。

中秋节作为国家法定节日并在民间盛行始于宋朝。在北宋，八月十五正式被定为中秋节，并出现了"月饼"这样的节令食品，苏轼就曾作诗赞美月饼："小饼如嚼月，中有酥和饴。"赏月、吃月饼、赏桂、观潮等节庆活动蔚然成风。明清时期，中秋节与元旦齐名，它一举成为仅次于春节的第二大传统节日。每逢中秋，各家都要设"月光位"，准备瓜果月饼，"向月宫而拜"，所供月饼必须是圆的，瓜果切成如莲花般的牙瓣。街市出售月光纸，上面绘有月神和玉兔捣药等图案。祭月后将月光纸焚烧，所供的果饼分给家中的每个成员。中秋节是合家团圆的日子，人们互相馈赠月饼并相互表达美好祝愿，很多人家还要设宴

赏月，一片佳节盛况。

　　明清以来，中秋节日益在人们的生活中占据着重要的位置，在赏月、吃月饼等活动的基础上，各地还逐渐发展出"卖兔儿爷""树中秋""舞火龙""走月亮"等丰富多彩的节庆活动，使得中秋节作为我国传统节日具有更多的文化内涵，更加迷人。

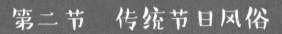

第二节　传统节日风俗

一、中秋拜月

中秋拜月的由来可追溯至远古时期：相传，有一年天上出现了十个太阳，炙烤得大地冒烟，海水干涸，眼看老百姓将无法生活下去了。这件事惊动了一个名叫后羿的英雄，他登上昆仑山顶，运足神力，拉开神弓，一口气射下九个多余的太阳。后羿立下汗马功劳，受到百姓的尊敬和爱戴，不少志士慕名前来投师学艺，但其中有一个叫蓬蒙的人，奸诈刁钻、心术不正。

不久，后羿娶了个美丽善良的妻子，名叫嫦娥。后羿除传艺狩猎外，终日和妻子在一起，人们都羡慕这对郎才女貌的恩爱夫妻。

一天，后羿到昆仑山访友求道，巧遇由此经过的王母娘娘，便向王母求得一包不死药。据说，服下此药一半，能长生不老，若服下全部，则可升天成仙。

然而，后羿舍不得撇下妻子独自飞升成仙，只好暂时把不死药交给嫦娥珍藏，嫦娥将药藏进梳妆台中的百宝匣里，不料被蓬蒙看到了。三天后，后羿率众徒外出狩猎，心怀鬼胎的蓬蒙假装生病，留了下来，轻而易举地骗过了后羿。

待后羿率众人走后不久，蓬蒙手持宝剑闯入内宅后院，威逼嫦娥交出不死药，嫦娥知道自己不是蓬蒙的对手，危急之时她当机立断，转身打

开百宝匣，拿出不死药一口吞了下去，嫦娥吞下药，身子立刻飘离地面飘出窗口，向天上飞去。由于嫦娥牵挂着丈夫，便飞落到离人间最近的月亮上成了仙。

傍晚，后羿回到家，侍女们向后羿哭诉了白天所发生的事情。后羿既惊又怒，抽剑去杀恶徒，不料蓬蒙早已逃之夭夭了，气得后羿捶胸顿足。悲痛欲绝的后羿，仰望着夜空呼唤爱妻的名字，这时他惊奇地发现，天上的月亮格外皎洁明亮，而且有个晃动的身影酷似嫦娥，于是他急忙派人到嫦娥喜爱的后花园里，摆上香案，放上她平时最爱吃的蜜饯鲜果，遥祭在月宫里眷恋着自己的嫦娥。

百姓们闻知嫦娥奔月成仙的消息后，纷纷在月下摆设香案，向善良的嫦娥祈求吉祥平安。从

此，中秋节拜月的风俗就这样在民间流传开了。

二、月宫折桂的由来

抬头仰望明月，你会发现月亮当中有些黑影，老人们说这是吴刚在月宫中砍伐桂树的投影。唐代就有吴刚伐桂的神话，传说月中桂树高达五百丈，这株桂树不仅高大，而且有一种神奇的自愈功能。有一位西河人姓吴名刚，本为樵夫，醉心于仙道，但始终不肯专心学习，因此天帝震怒，把他拘留在月宫，令他在月宫伐桂树，并说："如果你砍倒桂树，就可获得仙术。"

但吴刚每砍一斧，那些桂树上的斧头所砍之处的创伤就马上愈合。日复一日，吴刚成仙的愿望始终未达成，即使吴刚在月宫常年伐桂，却始终砍不倒这棵树，他不断地砍下去，到最后也没

五大节日与茗儒茶道

172

能将那棵桂树砍倒。后来民间流行八月赏桂折桂的习俗，人们认为桂花有神奇的自愈功效，中秋折桂可保家人健康平安。

三、兔爷儿的由来

相传有三位神仙变成三个可怜的老人，向狐狸、猴子、兔子求食，狐狸与猴子都有食物可以济助，唯有兔子束手无策。兔子说："你们吃我的肉吧！"就跃入烈火中，将自己烧熟，神仙大受感动，把兔子送到月宫内，成了玉兔，陪伴嫦娥，并捣制长生不老药。人们为了纪念玉兔的善良，每到八月十五月圆之日，将其奉为神明一同祭拜。在明清时代有能工巧匠将玉兔形象具体化，塑成兔面人身，头戴将军冠，身披金甲战袍，威风凛凛的泥偶，被称为兔爷儿。经过千百年的演变，

兔爷儿已经成为孩子们手中的一件玩具，它代表着人们对善良的期盼。

四、月饼的由来

相传，唐高祖年间，大将军李靖在八月十五征讨匈奴得胜凯旋。唐高祖问他是用了什么计谋出奇制胜的？李靖将一块圆形的胡饼献给高祖，答曰："臣就是将消息藏入此圆饼，让各路军马食饼以窥军机。"高祖听完便哈哈大笑。指着空中明月说："应将胡饼邀蟾蜍"。说完后便把饼分给群臣一起吃。

从此，八月十五吃月饼就成了中秋节的主要活动之一。后来月饼制作愈加精美。宋代的苏东坡有诗赞曰："小饼如嚼月，中有酥和饴。"时至今日人们在月圆之夜食用月饼，可取合家团圆之意。

第三节　节日花卉与插花

1. 桂花

桂花又名木樨、岩桂，系木樨科常绿灌木或小乔木，其品种有金桂、银桂、丹桂、月桂等。

桂花是中国传统十大花卉之一，它清可绝尘，浓香远溢，堪称一绝。尤其是在仲秋时节，丛桂怒放，夜静轮圆之际，把酒赏桂，陈香扑鼻，令人神清气爽。在中国古代的咏花诗词中，咏桂之作的数量也颇为可观。可见桂花自古就深受中国人的喜爱，被视为传统名花。

传说很久很久以前，咸宁这个地方暴发了一场瘟疫，人口差不多减少了三分之一。人们用各种偏方都不见效果。挂榜山下有一个勇敢、忠厚、孝顺的小伙子名叫吴刚，他母亲也病得卧床不起了，小伙子每天上山采药救母。一天，观音东游归来，正赶回西天过中秋佳节，路过此地，见小伙子在峭壁上冒险采药，深受感动。晚上托梦给他，说月宫中有一种叫木樨的树，也叫桂花，开着一种金黄色的小花，用它泡水喝，可以治疗这

种瘟疫；挂榜山上每逢八月十五有天梯可以到月宫摘桂。这天晚上正好是八月十二，还过三天就是八月十五中秋节了。可要上到挂榜山顶要过七道深涧，上七处绝壁悬岩。最少需要七天七夜，但时间不等人，过了今年八月十五，错过了桂花一年一次的花期，又要等一年。

吴刚花了千辛万苦，终于在八月十五晚上登上了挂榜山顶，赶上了通向月宫的天梯。八月正是桂花飘香的时节，天香云外飘。吴刚顺着香气来到桂花树下，看着金灿灿的桂花，看着这天外之物，好不高兴，他就拼命地摘呀摘，总想多摘一点回去救母亲，救乡亲。可摘多了他抱不了，于是他想了一个办法，他摇动着桂花树，让桂花纷纷飘落，掉到了挂榜山下的河中。顿时，河面清香扑鼻，河水被染成了金黄色。人们喝着这河

水，疫病全都好了，于是人们都说，这哪是河水呀，这分明就是一河的比金子还贵的救命水，于是人们就给这条河取名为金水。后来，又在金字旁边加上三点水，取名"淦河"。

这天晚上正是天宫的神仙们八月十五大集会，会上还要赏月吃月饼。桂花的香气冲到天上，惊动了神仙们，于是派差官调查。差官到月宫一看，见月宫神树、定宫之宝的桂花树上开的桂花全部没有了，都落到了人间的"淦河"里，就报告给了玉帝。玉帝一听大怒。玉帝是最喜欢吃月桂花做的月饼，今年一树的桂花都没了，他就吃不成月饼了，于是就派天兵天将将吴刚抓来。吴刚把当晚发生的事一五一十地对玉帝说了。玉帝听完，打心眼里敬佩这个年轻人，可吴刚毕竟是犯了天规，不惩罚他不能树立玉帝的威信。玉帝

便问吴刚有什么要求，吴刚说他想把桂花树带到人间去救苦救难。

于是玉帝想了一个主意，既可惩罚吴刚，又可答应吴刚的要求，他说，只要吴刚把桂花砍倒，就可以带回人间。于是吴刚找来大斧头砍起来，想快速砍倒大树，谁知玉帝施了法术，砍一刀长一刀。就这样，吴刚长年累月地砍，砍了几千年。吴刚见树砍不倒，思乡思母之心又切，于是他在每年的中秋之夜都丢下一支桂花到挂榜山上，以寄托思乡之情。年复一年，山上都长满了桂花，乡亲们就用这桂花泡茶喝，咸宁再也没有了疫病和灾难。

2. 石斛 (hú) 兰

石斛兰别名石斛、石兰、吊兰花、金钗石斛、枫豆。

石斛兰的"斛"字，普通话读"胡"，粤语读"酷、焴、瀩"音，以前是一种计量器，五斗为一斛。古人把石斛兰当作药材。据《本草备至》叙述，它对人体有驱解虚热，益精强阴等疗效。随着花卉产业的兴起，人们发现它有很高的观赏

价值，因而被归入洋兰的范畴，逐渐从草药圃跨进到大花园中去，成为当今非常时兴的新花。

石斛兰象征美丽、善良、温柔、圣洁、勇敢，难怪屈原会在《楚辞发·九歌·少夫人》中以花寓神："秋兰兮麋芜，罗生兮堂下。绿叶兮素华，芳菲菲兮袭予。夫人自有兮美子。荪何以兮愁苦？秋兰兮青青，绿叶兮紫茎……"由于石斛兰在夏末初秋时开放，所以人们常常用它祭奠月神。后逐渐成为中秋祭月的主要花卉。

3.龙胆

龙胆，（拉丁学名：Gentiana scabra Bunge），为龙胆科植物。分布于朝鲜、俄罗斯、日本及我国黑龙江、吉林、辽宁、浙江等地。生长于草甸、灌丛或林缘。根入药，能去肝胆火。因为自

古以来，龙胆一直被当作药草，而且是有名的中药材。反倒是龙胆泻肝丸、龙胆泻肝汤、十味龙胆花颗粒等等药名被我们所熟知。在《神农本草》的记载中，只说其味苦，至于其植株形态，并没有加以详述。

一直到了宋朝，《本草图经》中对它才有了详细的记载。《证类本草》曰："龙胆，……苗高尺余；四月生叶，如柳叶而细；茎如小竹枝；七月开花，如牵牛花，作铃铎（duó，古代宣布政教法令时或有战事时用的大铃）形，青碧色，冬后结子，苗便枯。……俗称为草龙胆。"书中对这种植物的描述和当今我们所看到的龙胆无太大差异，大多为同属植物。又有记载"信阳军草龙胆""襄州草龙胆""睦州草龙胆"及"沂州草龙胆"等图。虽非同一种，但大致上都是龙丹属（Gentiana）植物。

《开实本草》曰："叶似龙葵，味苦如胆，因以为名。"这就是"龙胆"名称的解释。《本草纲目》也采用此种说法。

五大节日与茗儒茶道

古时的方术之家，经常会故弄玄虚，为了表示某种药物有多名贵，往往称龙道凤，例如"龙须""凤尾"之类的，"龙胆"之名想必也是如此，它的得名其实是其根很苦如同胆汁，而叶子和龙葵很像，两者各取其一。至于"草龙胆"这个名字，则是为了表示这种植物并非真龙之胆，只是一种草花而已。

据说在古代有一个名叫"役小角"的人，一年暮秋在山上看见一只兔子在路旁掘草根，便好奇地走上前去问它原因。兔子回答说是主人生病了，必须吃这种草根方能治愈。役小角就帮忙挖掘，并且跟着兔子回到了主人家去探个究竟。兔子的主人吃了草根后，果真痊愈了。原来，兔子是二荒山神所变，而那种草根就是龙胆的根。这

也是龙胆有"灵草"这一称谓的原因。

4.大丽花

大丽花又叫大丽菊、天竺牡丹、地瓜花、西番莲和洋菊，是菊科多年生草本。与一般菊花傲霜怒放的特性不同，大丽花开放于春夏间，越夏后再度开花，霜降时凋谢。它的花形同国色天香的牡丹一般无二：色彩瑰丽，惹人喜爱。 大丽花

是墨西哥的"国花"，吉林省的"省花"，河北省张家口市的"市花"。绚丽多姿的大丽花象征大方、富丽，大吉大利。它的足迹已遍布到世界各国，成为庭园中的常客，世界著名的观赏花卉。

大丽花原产于墨西哥，18世纪才由欧洲传入亚洲。相传它曾是拿破仑情人约瑟芬的最爱。法国皇后约瑟芬的故乡临近墨西哥，也是大丽花的发源地；不过，它未进入法国之前，在当地并未引起人们的注意。

相传在约瑟芬在巴黎郊外的住处见到御花园的大丽花时，不禁一见钟情地喜欢上这带有故乡味儿的花卉，于是亲手栽种了许多珍贵品种。每当花期一到，便举办野餐宴会招待达官显要、名媛淑女们来赏花，得意地夸耀着自己心爱的花卉，使人羡慕不已。

很多来宾对这美丽的花感兴趣，如想求得一花半枝，这位傲慢的皇后会很不客气地宣称，这花卉是属于她一个人的，不允许任何人带走一花一草。有位伯爵夫人因而恼羞成怒，发誓一定要得到它。

恰巧伯爵夫人的贴身侍女正与一位波兰贵族热恋，侍女利用这位贵族设法得到大丽花的球根。为讨好心上人，这位贵族用一枚金币买通皇后的园丁得到了一百多个球根。事后，秘密暴露了，盛怒下的约瑟芬不但解雇了园丁，连那好胜的伯爵夫人和波兰贵族也遭到了灭门之祸，而她自己再也提不起兴趣来照顾那些大丽花了。

大丽花的花语一开始有"不安定""移情"之说，这与法国当时动荡的政局有关，但现在随着大理花在全世界的传播与繁殖，它的花语已引申为"华丽""优雅""威严"。

5. 火鹤

火鹤又名红掌、花烛、安祖花、烛台花，其叶片典雅，花形高贵，株姿优美，既可盆栽观叶赏花，也可作高档切花，可广泛摆设在客厅、会场、案头，是目前国际花卉市场上流行的一种名贵花卉，是一种四季开花长青植物。由于花色蕊黄、叶红十分讨喜，非常适合在中秋佳节期间摆放。

★节日古典意象花艺

采用花材为：火鹤花、大丽花。花器为高矮敞口瓷瓶一对。中秋为八月中下旬，夏之将尽，配以大丽花、火鹤花等花期较长的花卉，寓意为时之长久、安康绵长。花型为中式对称式，结构平衡舒展，色彩艳丽均匀。

★四喜团圆

贺寿延年福绵长，丽华笑颜祝安康。

明月千里团圆日，祈祝合家庆吉祥。

★花型设计

（韩祎 绘）

第四节　茶之道——"花好月圆"茶道

备具

茶仓一只、冲茶四宝一组、赏茶盘一只、紫砂壶一只、公道杯一只、品茗杯四只、茶漏一组、提梁壶一只、废水盂一只。

正文与流程

旁白：农历八月十五是象征合家团聚的佳节，在这一天人们呼朋唤友三五成群赏月饮宴，恰逢花好月圆之时，我们在为亲朋好友献上一杯香茗的同时，送出美好的祝愿。

第一步：倚窗望月（调息）

八月十五正值月圆之夜。月光如银，洒向人间。茶艺师坐于花团锦簇的席间，在柔和月光的照耀

下，慢慢地闭上眼睛，做三次深呼吸，随着呼吸的平稳，让内心安静下来，进入空灵缥缈的茶境。

第二步：彩云拂月（温杯）

向紫砂壶中注满开水，再盖上盖子，并用开水烫洗壶身以增加紫砂壶的温度，这一步叫彩云拂月，氤氲（yīn yùn）的水气围绕着紫砂壶好似彩云绕月，恍如仙境。

193

第三步：月出中天（取茶）

　　将茶则轻轻探入茶仓中，并转动双腕使茶叶流入茶则，以保证干茶完整。茶艺师从茶仓中取出的干茶颗颗圆润如珠，好似中秋圆月。

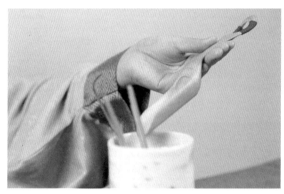

· 195

五大节日与茗儒茶道

第四步：金桂飘香（赏茶）

今天我们为大家准备的是桂花乌龙，秋季天干物燥，正是品饮乌龙茶的好时节。乌龙茶有轻身消脂，去油解腻之功效，桂花有清肺止咳，平喘化痰的功用，两者合一正适宜人们中秋饮宴后品饮。

第五步：月落春池（投茶）

　　将干茶慢慢拨入紫砂壶中，如珠似露般的桂花乌龙似颗颗明月，坠落壶中发出嘡嘡之音，这正是高品质乌龙茶的象征。肥嫩多支的茶叶被制成球形乌龙，条索紧结，茶色光润，落地有声。

第六步：霁月同辉（温润泡）

这一步是洗茶，又称温润泡。向壶中注满开水并快速出汤，这样做不仅能使壶内干茶迅速吸水挥发茶香，还可去除干茶表面的微尘。雨后的明月被称为霁（jì）月。我们相信被风雨洗涤后的月亮会更加光辉灿烂，被甘泉洗过的香茗也会更加纯净甘甜。

第七步：花好月圆（冲水泡茶）

这一步是泡茶。第二次向壶中斟满开水，让壶中的茶与水充分融合，花好月圆合家团聚是我们中秋拜月时的美好愿望。泡茶时，茶与水的充分结合也表达了这一美好寓意。

第八步：玉兔拜月（奉茶）

　　中秋佳节，无论是玉兔捣药的传说，还是兔爷儿成仙的故事，都表达了人们对健康长寿的追求与向往。泡茶人向来宾们奉上一杯香茗，希望您品过此茶后能合家团圆福寿安康。

第五节　茶品知识——乌龙茶小知识

乌龙茶又称青茶属于半发酵茶，发酵度在25%～75%之间，其外形特点是，绿叶红镶边，它既有绿茶的鲜爽又兼具红茶的甜润，特别是它芬芳的茶香为许多茶人所喜爱。

乌龙茶属于加工工艺比较复杂的茶品，根据其外形，我们大致把他分成两大类：条形乌龙和半球形乌龙。条形乌龙包括：广东的凤凰单丛，福建的闽北岩茶（如大红袍等），台湾的东方美人等。半球形乌龙包括：福建闽南铁观音，台

湾的高山乌龙（如木栅铁观音）。根据产地的树种、土壤和气候的不同，我们也将其分成三大产区：广东产区、福建产区及台湾产区。

乌龙茶主要加工工艺是：摇青发酵→杀青定型→揉捻成型。因为乌龙茶属于半发酵茶，因此鲜叶采摘的时候就比绿茶红茶要成熟，一般是采一芽两叶的对开叶，俗称开面采。叶子采下来经摊晾后就要发酵了，在这里，发酵叫作摇青。我们根据所制茶品的口味来控制发酵度，当其发酵达到一定要求的时候就杀青，起到稳定茶性的作用，最后是揉捻成条形或者是半球形。下面我们根据产地介绍各个地区的名优茶品：

一、福建武夷岩茶

此茶产自福建的武夷山。武夷岩茶外形肥壮

匀整，紧结微曲，色泽光润，叶背似蛙肤。色泽乌润，叶底边缘朱红或起红点，中央呈浅绿色。此茶，香气芬芳，滋味浓醇，香滑回甘，具有特殊的"岩韵"。大红袍是武夷岩茶的名品。他与白鸡冠、水金龟、铁罗汉等岩茶并称"武夷四大名枞"。

二、铁观音

此茶产自闽南安溪地区。"铁观音"既是茶名，又是茶树品种名。因成品茶"美如观音重似铁"故得名铁观音，其外形条索紧结，色泽砂绿红点明。在民间对其外形的描述有"蜻蜓头、螺旋体、青蛙腿、带白霜"的讲法，干茶外表色泽砂绿，是由于鲜叶中的咖啡因成分在制作过程中随着水分蒸发，而凝聚在干茶表面形成白霜所致，俗称"砂绿起霜"。此茶冲泡后，兰香扑鼻，趁热吸吮，

满口生香，喉底回甘，因经久耐泡故有"七泡有余香"之美名。

三、广东凤凰单枞

此茶产于广东省潮州市凤凰镇乌崇山茶区。干茶外形壮实而卷曲，叶色浅黄带微绿。汤色黄艳衬绿，香气清雅悠长，多次冲泡，余香不散，甘味犹存。单枞树种因茶树主干离地 10~15 厘米开始分叉，远看如一片茶树故名单枞，这种茶树的特点是茶香多样，常见茶香有蜜兰香、芝兰香、桂花香、蓑（suō）衣香、姜母香、黄枝香、杏仁香等不同口味。深受广大茶人喜爱。

四、台湾乌龙茶

在台湾，当地人只将半球形的半发酵茶称为

五大节日与茗儒茶道

乌龙茶，这些乌龙茶，条形卷曲，成球色泽乌绿，茶汤蜜绿，滋味纯正，且富浓烈的热带蜜果香，冲泡后叶底边红腹绿。台湾乌龙以产自高海拔者为上品，因为人们认为产自高海拔的茶品由于常年处在昼夜温差大、云雾缭绕的环境中，所以具有茶质肥嫩多汁、茶汤细腻、耐冲泡等优良品质。其中南投县的冻顶乌龙茶（俗称冻顶茶）知名度最高。此茶产自台湾省南投县凤凰山支脉冻顶山一带。居于海拔700米的高岗上，传说山上种茶，因雨多山高路滑，上山的茶农必须把脚尖绷紧（冻脚尖）才能上山顶，故称此山为"冻顶山"。冻顶山上栽种青心乌龙茶等茶树良种，山高林密土质好，茶树生长茂盛。主要种植区在鹿谷乡，年均气温22℃，年降水量2200毫米，空气湿度较大，终年云雾笼罩。茶园为棕色高黏性土壤，杂有风化细软石，排水条件良好。每年采摘于4月至5月和11月至12月间，标准为一芽二叶，色泽苍绿，汤色呈金黄带绿，具有花香甘甜滋味。

看过上述文字读者们可能会认为乌龙茶这个品类太过复杂，为了方便大家记忆，我们将辨别乌龙茶的基础知识编成了歌谣：

半发酵茶，只数乌龙。

三红七绿，叶绿边红。

三大产地，四品争锋。

凤凰单枞，只产广东。

汤清味雅，唇齿香留。

形似黄鳝，条长色乌。

武夷岩茶，闽北特产。

花名繁杂，品味不同。

清流浇灌，石中立丛。

条紧肥大，花香岩骨。

闽南乌龙，观音独步。

形似半球，兰香隽永。

干茶砂绿，叶底似绸。

台南乌龙，台北包种。

汤色蜜绿，香甜蜜留。

冲泡乌龙，首选陶朱。

软化水质，香留持久。

减脂提神，清心津涌。

　　正如歌谣中所讲乌龙茶根据产地条形的不同被划分为不同品类，下面我们就根据不同产地、不同条形的乌龙茶，介绍一下各种冲泡方法。

1. 铁观音春茶冲泡法

在铁观音的家乡安溪地区流传着这样一句谚语：春水秋香。它的意思是春天制成的铁观音，茶质肥厚内含物丰富。秋天制成的铁观音，茶香高锐、沁人心脾。为了突出春茶的汤汁厚滑，我们在冲泡春季铁观音时，可选择小口大腹的紫砂壶。首先还是将近于100℃的开水温热茶壶，再向壶中拨入7克铁观音干茶，为了使茶汤更为清亮，我们用悬壶高冲的方法向壶中注满开水，再用壶盖轻轻刮去浮在壶口表面的茶末。盖上壶盖后，用开水淋冲壶身，随即将第一泡茶汤滤出。这泡茶是用来温润干茶的，一般不饮用。可将它淋在紫砂壶表面，起到养壶的作用。再用低斟的手法向壶中注满开水盖上壶盖静置几秒后，随即就可出汤。泡茶静置时间可根据茶品出产的山高

海拔而定：产自山高 800 ~ 1000 米的铁观音可静置 3 ~ 5 秒再出汤；出产于 300 ~ 500 米高山的铁观音，可静置 5 秒。而出产于 300 米以下山高的铁观音则需静置 5 ~ 10 秒再出汤。按照上述方法泡置的铁观音春茶味醇汤厚，经久耐泡。

2. 铁观音秋茶冲泡法

正如上文所说，铁观音秋茶香气高锐，芬芳沁脾。为了将这一特点凸显出来，我们建议大家选用白瓷盖碗冲泡铁观音秋茶。将白瓷盖碗用近 100℃ 的开水温烫后拨入 7 克干茶，随后盖上杯盖轻轻摇动杯身，我们称这一步为摇香。经过摇动的铁观音干茶会散发出一种新鲜的兰草香。随即用悬壶高冲的手法向杯中注满开水，再用杯盖轻轻拂去由于悬壶高冲所击出的汤末，同时出汤，将滤出的茶汤分别斟入品茗杯与闻香杯中，起到

温杯烫盏的作用。这时再打开杯盖轻嗅杯中叶底，经开水洗礼过后的叶底轻轻舒展枝叶并散发着一种雅致的兰花香。第二次注水后马上出汤，金黄色的茶汤如金色水晶般清澈明亮。此时，拿起杯盖，一阵温馨的清香四溢开来。

3. 台湾高山乌龙冲泡法

在台湾，出产于海拔 1000 米以上的半球形乌龙被称为高山乌龙。这种高山茶已成为台湾优质茶品的代表。由于山势海拔较高，所以天气相对寒冷，茶叶抽芽缓慢，因此茶树鲜叶可聚集大量的果胶质及多糖。同时由于山高，云雾缭绕。太阳的直射光变成漫射光，茶树既可完成光合作用又不会被紫外线晒伤。所以茶质肥嫩多汁。这样的茶品既具有芬芳的香气，又具有汤汁浓厚的口感，且回甘力强。冲泡这样茶品的泡茶器既可

用传统紫砂壶又可选取质地古朴的陶土盖碗。具体方法如下：先用近似100℃的开水将陶土盖碗温热，再向杯中拨入7克干茶，盖上盖子轻摇杯身，此时干茶预热散发出如新鲜甘蔗般的清香。为保持茶品鲜醇口感，我们往杯中注满90℃左右的开水，迅速出汤。将第一泡茶汤分别斟入品茗杯和闻香杯中。随后再向杯中注入90℃的开水，同时将品茗杯和闻香杯的茶汤倒出，一般来说，第一泡茶汤是用来温热闻香杯和品茗杯的，不做品饮之用。第二泡茶汤滤入公道杯后，我们发现此时茶汤呈现出一种蜜绿色的光泽。打开杯盖，一股热带蜜果香肆意而出，充满整个茶室。

4. 广东单丛冲泡法

广东单丛是一款香气高锐的乌龙茶品，它以香气品种繁多著称，清爽回甘力强。在广东，单枞常见香型多达20余种。由于广东单丛茶树种奇特，属大叶种转向小叶种的过渡品种，因此，冲泡广东单丛时要控制冲泡水温及出水时间。由于广东单丛属于条形乌龙，干茶外形松散，泡茶器宜选取大口大腹的紫砂壶或盖碗，具体操作方法如下：先用近100℃的开水温杯烫盏，再将7克干茶拨入泡茶器随即扣盖摇香。此时未经开水滋润的干茶清香甜美，会呈现出一种类似于花蜜香的气味。随即往杯中注入开水同时迅速出汤。经过开水滋润的干茶迅速吐香，那种清雅的花蜜香迅速转成甜蜜的熟果香。为了避免茶汤出现过

渡型茶树种特有的麻感，第二次注水后，静置一两秒随即出汤。一杯甜润芬芳的广东单丛就冲泡好了。

5. 武夷岩茶冲泡法

武夷岩茶与凤凰单枞一样同属条形乌龙，也是香气种类繁多的一款茶品。但不同的是，所有的岩茶制成后要经过一段时间的焙火，所以茶汤喝起来除花香浓郁外，还会有一种硬朗的感觉，茶人亲切地称这种口感为"岩骨花香"。为了体现岩茶这一特点，我们也要对泡茶水温及出水时间多加注意。选取的泡茶器皿与凤凰单枞相同，可选择大口大腹的泡茶器，水温也以100℃为上。先用开水温热泡茶器，再向杯中拨入7克干茶，同时往杯中注满开水迅速出汤，经过温润泡的叶底，花香明显，随即二次注水静置3～5秒随后出汤。此时杯底除花香外，亦弥漫着一种闽北岩茶特有的浓郁茶气。茶汤颜色通体红艳，深邃，茶汤入口浓郁厚重，厚滑回甘。饮罢满口花香且舌底鸣泉。

第五章

重阳

CHONGYANG

第一节　重阳节的由来和传说

重阳节，农历九月初九，二九相重，称为"重九"。汉中叶兴起的阴阳观认为，世界有六阴九阳。九是阳数之极，固重九亦叫"重阳"。民间在该日有登高的风俗，所以重阳节又称"登高节"。还有重九节、茱萸节、菊花节等说法。由于九月初九"九九"谐音是"久久"，有长久之意，所以人们常在此日祭祖以及推行敬老活动。重阳节与春节、清明节、端午节、中秋节并称为中华五大传统节日。

东汉时期，汝河有个瘟魔，只要它

一出现，家家就有人病倒，天天有人丧命，这一带的百姓受尽了瘟魔的蹂躏（róu lìn）。

一场瘟疫夺走了恒景的父母，他自己也差点儿丧了命。恒景病愈后辞别了妻子和乡亲，决心访仙学艺，为民除掉瘟魔。恒景访遍名山高川，终于打听到东方一座最古老的山上有一位法力无边的仙长，在仙鹤指引下，仙长终于收留了恒景，仙长除教他降妖的剑术外，又赠他一把降妖剑。

恒景废寝忘食苦练，终于练出了一身武艺。这一天仙长把恒景叫到跟前说："明天九月初九，瘟魔又要出来作恶，你本领已经学成该回去为民除害了。"仙长送了恒景一包茱萸（zhū yú）叶，一盅菊花酒，并且密授他避邪用法，让恒景骑着仙鹤赶回家。

恒景回到家乡，到了初九的早晨，他按仙长

的叮嘱把乡亲们领到了附近的一座山上，然后发给每人一片茱萸叶，一盅菊花酒。中午时分，随着几声怪叫瘟魔冲出汝河，瘟魔刚扑到山下，突然吹来阵阵茱萸奇香和菊花酒气。瘟魔戛然止步，脸色突变，恒景手持降妖剑追下山来，几回合就把瘟魔刺死于剑下。从此九月初九登高避疫的风俗年复一年地传下来。

"重阳节"这一名称最早见于三国时代。据曹丕的《九日与钟繇（yáo）书》中记载："岁往月来，忽复九月九日。九为阳数，而日月并应，俗嘉其名，以为宜于长久，故以享宴高会。"（因此，重阳节被定为农历的九月九日。）重阳节首先有登高的习俗，金秋九月，天高气爽，这个季节登高远望可达到心旷神怡、健身祛病的目的。和登高相联系的有吃重阳糕的风俗。"高"和"糕"

谐音，作为节日食品，最早是庆祝秋粮丰收、喜尝新粮的用意，之后民间才有了登高吃糕，取步步登高的吉祥之意。重阳日，历来就有赏菊花的风俗，所以古来又称重阳节为菊花节。农历九月俗称菊月，在这期间民间会举办菊花大会。从三国魏晋以来，重阳聚会、赏菊、赋诗已成时尚。

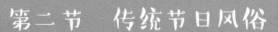

第二节　传统节日风俗

一、登高的由来

在古代，民间在重阳有登高的风俗，故重阳节又叫"登高节"。相传此风俗始于东汉。唐代文人所写的登高诗很多，大多是写重阳节的习俗；杜甫曾作过一首七律名为《登高》：

风急天高猿啸哀，渚清沙白鸟飞回。

无边落木萧萧下，不尽长江滚滚来。

万里悲秋常作客，百年多病独登台。

艰难苦恨繁霜鬓，潦倒新停浊酒杯。

这首诗是描写重阳节时老人登高求

寿的著名诗篇，进入秋季天高云淡，老人们在这时登高远眺。有利身心，因此国人认为在重阳之日登高远眺可祝家中老人长寿安康，虽然这只是美好的祝愿，但是他体现了华夏民族百善孝为先的优良美德。

二、吃重阳糕的由来

据史料记载，重阳糕又称花糕、菊糕、五色糕，制无定法，较为随意。九月九日天明时，以片糕搭儿女头额，口中念念有词，祝愿子女百事俱高，乃古人九月做糕的本意。重阳糕一般制作成九层，像座宝塔，上面还做成两只小羊，以符合重阳（羊）之义。有的还在重阳糕上插一面小红纸旗，并点蜡烛灯。这大概是用"点灯"、"吃糕"代替"登高"的意思，用小红纸旗代替茱萸。

当今的重阳糕，仍无固定品种，各地在重阳节吃的松软糕类都称之为重阳糕。"高"与"糕"同音，在重阳节请家中老人吃糕取儿女希望家中老人高寿之意。

三、赏菊、饮菊花酒的由来

重阳节正值一年的金秋时节，菊花盛开，据传赏菊及饮菊花酒，起源于晋朝大诗人陶渊明。陶渊明以隐居出名、以诗出名、以酒出名、也以爱菊出名。他曾作《饮酒》一诗来描述自己的隐居生活："结庐在人境，而无车马喧。问君何能尔，心远地自偏。采菊东篱下，悠然见南山。山气日夕佳，飞鸟相与还。此中有真意，欲辩已忘言。"看来不为"五斗米折腰"的陶渊明有菊有酒就会生活的快乐似神仙。他这种恬淡的生活态度被后世效仿。人们愿意相信是陶渊明这位逍遥居士开启了重阳赏菊之俗。旧时文人、士大夫，还将赏菊与宴饮结合，以求和陶渊明更接近。他们认为菊花有百折不挠、傲雪迎霜的气节，宋代郑恩肖在《寒菊》中赞曰："花开不并百花丛，独立疏篱趣未穷。宁可枝头抱香死，何曾吹落北风中。"因此，菊花也与梅花、竹子、兰花并称"花中四君子"。民间还把农历九月称为"菊月"，就是有效仿菊花傲霜怒放之意，从此在重阳节观赏菊花成为节日的重要活动之一。

223

四、插茱萸的由来

茱萸（zhū yú），又名"越椒""艾子"，是一种常绿带香的植物，具备杀虫消毒、逐寒祛风的功能。在辣椒还未传入中土前，茱萸一直被

当作一种具有辛辣味道的调味料，也有人将其制成香囊佩戴。

重阳节插茱萸的风俗，在晋代葛洪的《西经杂记》中就有记载。古人认为在重阳节这一天插茱萸可以避难消灾，或制成香袋佩戴于臂，或插在头上作为装饰。大多是妇女、儿童佩带，有些地方，男子也有佩带。唐代这一风俗更为盛行。人们将登高插茱萸作为重阳节的庆祝活动之一。唐代的王维就有诗云："独在异乡为异客，每逢佳节倍思亲。遥知兄弟登高处，遍插茱萸少一人。"在宋代人们有将彩纸剪成茱萸戴在头上的习俗，也是出于希望家人健康长寿的美好愿望。

第三节　节日花卉与插花

1.菊花

在古神话传说中，菊花被赋予了吉祥、长寿的含义，有清净、高洁、真情、令人怀恋、品格高尚的象征意义。

　　菊花，别名又叫黄花、寿客、金英、黄华、秋菊、陶菊、艺菊等。它是我国传统十大花卉之一，四季开放，深秋时节最盛。由于菊花具有清热、解毒、祛风、清肝、明目等功效，每年重阳节时人们有赏菊、插菊、饮菊、食菊的风俗，以求身体康健。自晋代陶渊明起菊花就与文人士大夫结下了不解之缘。人们以菊育人，以菊明志。"一夜新霜著瓦轻，芭蕉新折败荷倾。耐寒唯有东篱菊，金粟初开晓更清。"这首白居易的《咏菊》道尽了菊花的风骨以及文人士大夫的情怀。菊花不仅受到中国人的喜爱，它亦受到日本王室的推崇，日本王室的徽章就是"十六瓣八重表菊纹"。菊花虽无迷人的芬芳亦无妖娆的姿态，但它坚韧不拔的精神以及高贵清雅的品质使其傲立于《瓶花谱》中为"一品九命"之花，是九月花神。

2. 月季

此花属蔷薇科，有"花中皇后"之美誉，又称月月红、月季花。其是常绿或半常绿的低矮灌木，茎有刺，羽状复叶，四季开花，多深红、粉红，偶有白色，可供观赏。花及根、叶均可入药。自然花期5～11月，花型大，有香气，广泛用于园艺栽培和切花。

传说神农山下有一高姓人家，家有一女名叫玉兰，年方十八，温柔沉静，很多公子王孙前来求亲，玉兰都不同意。因为她有一老母，终年咳嗽、咯血，多方用药，全无疗效。无奈之下，玉兰背着老母，张榜求医："治好吾母病者，小女以身相许。"有一位叫长春的青年揭榜献方。玉兰母服其药，果然康复。玉兰不负前约，与长春结为百年之好。洞房花烛之夜，玉兰询问什么神方如此灵验，长春回答说："月季月季，清咳良剂。此乃家传秘方：冰糖与月季花合炖，乃清咳止血神汤，专治妇人病。"玉兰点头记在心里。这个传说充分说明了月季的药效。

其实月季不仅有较高的观赏和药用价值，而且对许多有毒气体具有吸附作用，是保护环境，美化环境的优良花卉。因此月季也被评为"京津两地的市花"。

3. 玫瑰

玫瑰又被称为刺玫花、徘徊花、刺客、穿心玫瑰等，属蔷薇科。

蔷薇科中的三杰——玫瑰、月季和蔷薇，其实都是蔷薇属植物。在汉语中人们习惯把花朵直径大、单生的品种称为月季，小朵丛生的称为蔷薇，可提炼香精的称玫瑰。但在英语中它

们可统称为Rose。关于玫瑰花名字的由来,《说文解字》中有:"玫,石之美者,瑰,珠圆好者。"因此玫瑰有红色瑰宝之意。司马相如的《子虚赋》也有"其石则赤玉玫瑰"的说法。即使后来玫瑰变成了花的名字,中国人也没有西方那般柔情万种的解释。由于玫瑰茎上锐刺密集,中国人形象地视之为"豪者",并以"刺客"称之。这种对"豪者"的欣赏非常符合玫瑰本性。

在欧洲关于玫瑰的传说就温和了许多,相传爱与美之神维纳斯是被海神波塞冬用贝壳送上海岸的,在维纳斯上岸时身边浪花涌出的白沫化成了玫瑰,因此玫瑰被看成是爱与美的象征,现而今玫瑰花已经成为恋人们表达爱慕的信物。

★节日古典意象花艺

采用花材为：菊花、月季。花器为敞口陶罐。重阳节又称九九重阳节，有登高、赏菊的传统习俗，故以菊为主材。花型为直立式独枝，配以枯木、月季为辅材，尽显菊之雅致，木之苍劲，从而很好地体现秋高气爽之意境。

★咏菊

"一种浓华别样妆，流连春色到秋光。能将天上千年艳，翻作人间九月黄。凝薄雾，傲繁霜，东篱恰似武陵乡。有时醉眼偷相顾，错认陶潜作阮郎。"（宋·张孝样《鹧鸪天》）

★ 花型设计

（韩祎 绘）

第四节　茶之道——"重阳菊普"茶道

备具

玻璃风炉组一套、废水盂一只、祥陶盖碗一只、玻璃公道杯一只、茶漏一组、品茗杯四只、茶仓一只、冲茶四宝一组、赏茶盘一枚。

正文与流程

旁白：九九重阳，登高望远，赏菊，饮菊，是为了给家中老人祈福。在重阳佳节为家中老人献上一杯菊普茶也是希望他们饮过此茶可以健康长寿，极乐安康。

第一步：采菊东篱下，悠然见南山（煮菊、调息）

晋代大诗人陶渊明曾有诗云："结庐在人境，而无车马喧。问君何能尔，心远地自偏。采菊东篱下，悠然见南山。山气日夕佳，飞鸟相与还。此中有真意，欲辩已忘言。"看来采菊饮菊之于文人墨客是一种情怀。将五朵甘菊投入泉水中，用活火烹制，然后茶艺师慢慢地闭上眼睛，一边调息一边等待泉水沸腾。菊花有清肝明目之药效，以此泡茶既有能增添茶品风味的作用，又有效仿花间君子之美意。

第二步：明月松间照，清泉石上流（温杯、烫盏）

"空山新雨后，天气晚来秋。明月松间照，清泉石上流。"这首诗是唐代诗人王维描述一场秋雨过后，山谷间空气清新的美好景象。我们在泡茶前用滚沸的泉水将茶具再次清洗一遍，除能起到提升茶具温度的作用外，还有向品茶人敞开心扉，虚心求教之意。清泉洗涤的不仅是茶具本身，还有泡茶人的心灵。

第三步：嫩包万万千，久盼睹仙颜（取茶、赏茶）

从茶仓中取出少许干茶放在赏茶盘中，与品茶人共同鉴赏茶品。今天我们为大家选取的是普洱熟茶，它有清脂去腻，养胃理气之功效，正适合老年人在秋冬品饮。

第四步：落花坛上拂，流水洞中闻（投茶）

"微月空山曙，春祠谒少君。落花坛上拂，流水洞中闻。酒引芝童奠，香馀桂子焚。鹤飞将羽节，遥向赤城分。"这是李益的送别诗，其中"落花坛上拂，流水洞中闻"一句描述了英华被微风吹落坠落谭中的美景，茶艺师将茶轻轻地拨入杯中，茶似落花缤纷，杯似幽谷深潭。

第五步：雨水夹明镜，双桥落彩虹（洗茶）

"江城如画里，山晓望晴空。雨水夹明镜，双桥落彩虹。"这首诗是唐代诗人李白《秋登宣城谢朓北楼》。它描写雨后碧空如洗，彩虹点缀人间的美景，给人一种清新畅意之感。将煮沸的菊花水徐徐注入杯中，再将水滤出，经甘泉出润的茶叶吸饱了水分，伸展枝条吐露茶香，杯中之茶散发出雨后芳草般的清鲜。

第六步：陶令篱边色，罗含宅里香（出茶）

"暗暗淡淡紫，融融冶冶黄。陶令篱边色，罗含宅里香。几时禁重露，实是怯残阳。愿泛金鹦鹉，升君白玉堂。"这首诗名为《菊》出自李商隐，菊花的芬芳非牡丹桂花之香可比，它更为清新高雅。再次向杯中注入菊花水，静置几秒，待茶与水充分融合后再出汤，此时公道杯中的普洱茶，汤色红艳，且散发着阵阵芬芳的菊香。

243

第七步：俗人多泛酒，谁解助茶香（分茶、敬茶）

唐代皎然《九日与陆处士羽饮茶》中有："九日山僧院，东篱菊也黄。俗人多泛酒，谁解助茶香。"重阳之日以菊入茶，菊花高贵典雅，香茗清新无华。向家中长辈献上一杯菊普茶，同时献上的还有晚辈向长辈的敬意，我们以此茶祝愿天下所有的老人健康长寿，极乐安康。

五大节日与茗儒茶道

246

第五节　茶品知识——黑茶小知识

黑茶属于后发酵茶，这也就是说该茶品在对鲜叶加工时不进行任何发酵处理，一般来讲这样的茶制成后，当年不宜品饮，经过多年存放，待茶与氧气充分接触自然发酵后，才适宜品饮。黑茶后发酵的标志之一就是干茶表面发出金花，这种金花是茶品氧化的标志。在古代黑茶主要销售到边塞地区，这种茶的主要功效是去脂刮油解腻，由于边疆地区鲜有蔬菜瓜果出产，边疆人民就靠品饮这些黑茶补

充膳食纤维。中国出产黑茶的省份很多。有四川、云南、湖南、湖北和广西等，这些省份都是黑茶的主要出产地，这些产地的黑茶各有特色。四川一带出产的黑茶统称为边销茶，干茶外形细小，汤色清亮。云南出产的黑茶最有名，叫作普洱茶。相传东汉末年，诸葛亮率领蜀汉兵将平定云南时，教给了云南人民识茶制茶的技术，因此普洱茶也享有"武侯遗种"之美誉。为了纪念诸葛亮对云南普洱茶做出的贡献，云南人民将南糯山改名为孔明山，云南茶农也供奉诸葛孔明为当地的茶神。湖北的老青茶选料粗大，具有发花快，滋味粗犷易于转化的特点，主要边销到内蒙古，适宜熬制奶茶。湖南黑茶品类繁多，其中以安化出产的黑茶最为有名。湖南地区黑茶以灌木型和小乔木型茶树的茶叶为底料，成品茶条形紧锁精巧，汤色橙黄，回甘力强，具有浓烈的松烟香。为了便于运输，人们将成品黑茶压成各种形状，于是便有了茯砖、花卷、千两茶等各种型制。广西六堡茶是一种根据古法水蒸气杀青而制成的黑茶，茶叶多采自灌木种茶树，外形松散内质丰富。当地茶农戏称自己的茶有"乞丐的外表，皇帝的内心。"不论是何处出产的黑茶，都具有越陈越香的特点，即在后发酵的过程中，茶中溢出多糖与果胶物质，使茶汤变得浓厚香甜，饮后有排毒发汗之功效。为了方便同学们记忆我们把上述内容编成了一则歌谣：

后发酵茶属黑茶，经年存放发金花。

花发色深汤厚滑，清脂去腻效果佳。

川渝小丛叶细小，汤亮味轻号边茶。

云南自古有普洱，武侯遗种第一家。

鄂南出产老青茶，老叶梗长枝条大。

湘地黑茶品类杂，茯砖花卷千两茶。

广西六堡品味佳，蒸青加工依古法。

黑茶越陈味愈佳，煎煮成汤药香发。

在上述黑茶品类中，人们最熟悉的要数产自云南的普洱茶，正如上文所述后发酵的黑茶其发酵度在茶品制作初期可忽略不计，具有越陈越香的特点。根据加工方式不同，普洱茶可被分为生茶和熟茶两大类，生茶口感刺激，具有特殊的青甜香，类似于话梅或清鲜玉米的滋味，经过陈放，茶汤由青绿转为深红并散发出药香。其加工过程相对简单，从锅炒或阳光晒青到压制成饼。大概只有四步"萎凋、锅炒、阳光晒青、压饼成型"。

由于普洱茶树分成乔木型和灌木型，因此所制的成品茶分为大树茶和小树茶两种，大树茶回甘力强，香气高锐。有促进身体排汗发热之功效，而小树茶口感相对苦涩，回甘力弱适合经年存放后再品饮。一般来说人们采摘春天的普洱茶树叶做成生茶，采摘夏季或秋季的普洱茶树叶做成熟茶。云南的夏季多雨，因此夏秋两季的茶叶苦涩味薄，用来渥堆发酵后制成熟茶甘甜醇厚，别有一番风味。渥堆是一种后发酵工艺，在将鲜叶制成生茶后对其加温加热，人工加快毛茶发酵，由此可知熟茶是在生毛茶的基础上二次加工而制成的。不同的黑茶有不同的冲泡方式，下面我们就以一些常见的黑茶品类为大家讲解其冲泡方法。

一、普洱生茶冲泡法

在云南，茶农们会用早春的嫩芽或雨季过后茶树生长出的第一批树芽制作普洱生茶，虽然看起来都是普洱生茶，但由于叶芽不同，所以冲泡方式略有不同，我们先介绍普洱春茶冲泡法。一般来说，在云南地区，大树普洱抽芽在三月底、四月初，这时的芽头肥壮多汁，茶表绒毛细腻。冲泡这样的茶品，水温不宜过高。一般将水温控制在 95 ～ 100℃之间。冲泡方法如下：首先选用盖碗或大口大腹的紫砂壶，温杯烫盏后向杯中拨入 3 克干茶，随即将晾好的开水注入杯中，随后出汤。经过开水温润的干茶吸水吐香，第二次注水后无须等待随即出汤。茶中的内含物与水相溶，茶汤清爽厚滑，明亮清澈。故而春茶以经久耐泡，香气纯净持久且富于变化而著称，备受茶客们的青睐，是现今普洱生茶的主力军。

普洱秋茶被称为"谷花"，一般用来做熟茶但也有个别茶农将其采摘下来制成生茶。谷花茶的芽头较春茶干瘪细瘦，但回甘力强，口感刺激。冲泡方式与冲泡春茶基本相同，但水温要高。由于茶叶粗老，因此冲泡水温应控制在100℃左右，这样泡出的茶品才能经久耐泡，气韵十足。

二、普洱熟茶冲泡法

普洱熟茶出现的时间较晚，大概只有40多年的历史。它的加工原理是通过加湿加热等处理方式使普洱生茶迅速氧化，茶红素快速浸出，形成汤色红艳，汤汁厚滑，陈香十足的特点。冲泡这样的普洱茶适合用大口盖碗或大口大腹的紫砂壶，用将近100℃的开水温杯烫盏后，再向杯中拨入适量干茶，随即注入开水迅速出汤。如果是选择用紫砂壶冲泡，则可将这第一泡茶汤均匀泼洒在紫砂壶表面，起到养壶的作用，在第二次向壶中注入开水后，静置2～3秒随即出汤。上好的普洱熟茶汤色红艳深沉，茶汤有胶质感，轻晃公道杯会出现"挂杯"现象。茶汤入口滋润，甜美，不骄不躁。

三、老黑茶煎煮法

无论是云南的普洱茶，抑或是其他地区的黑茶经过经年的陈化，干茶与空气中的氧气充分结合并氧化，茶红素、果胶质及多糖等物质迅速溢出，干茶表面发出金花，汤色由青黄转至浅红，口感由清爽、刺激转为甜美厚滑。但经年的陈放不免会惹上丝丝尘埃或产生杂味，因此我们用黑茶煎煮法来去除茶中杂味使茶汤变得更为醇厚。具体操作如下：选择一只侧柄壶，先用热水润湿壶内壁，再拨入适量干茶，敞开壶盖，放在明火上，微烤，待壶壁水分蒸发再注入少量开水继续焙茶，这一步是去除茶中杂味的关键步骤。随后向壶中注入二分之一的开水，待茶汤表面泛起白沫之际，向壶中注满100℃的开水，随后立即出汤，出汤后，壶中保留三分之一的茶汤以备后用。

陈年的普洱茶之所以受到老茶客的推崇是因其越陈越香的特质，以及充足的茶气，茶气往往表现在饮茶后全身发热发汗，出罢汗后通体舒泰的感觉上，这样的感受只有喝过用煎煮法烹制的陈年黑茶才能体味到。

图书在版编目(CIP)数据

五大节日与茗儒茶道/朱锦武，姜丽妍编著. —西安：世界
图书出版西安有限公司，2017.5
ISBN 978-7-5192-2973-3

Ⅰ.①五… Ⅱ.①朱… ②姜… Ⅲ.①茶道—少儿读物
Ⅳ.①TS971.21-49

中国版本图书馆CIP数据核字（2017）第123025号

书　　名	五大节日与茗儒茶道	
	Wuda Jieri Yu Mingru Chadao	
编　　著	朱锦武　姜丽妍	
责任编辑	李江彬	
装帧设计	诗风文化	
出版发行	**世界图书出版西安有限公司**	
地　　址	西安市北大街85号	
邮　　编	710003	
电　　话	029－87214941　87233647（市场营销部）	
	029－87234767（总编室）	
网　　址	http://www.wpcxa.com	
邮　　箱	xast@wpcxa.com	
经　　销	全国各地新华书店	
印　　刷	陕西金德佳印务有限公司	
开　　本	787mm×1092mm　1/16	
印　　张	16.25	
字　　数	220千字	
版　　次	2017年5月第1版　2017年5月第1次印刷	
国际书号	ISBN 978-7-5192-2973-3	
定　　价	45.00元	